应用型本科院校"十二五"规划教材

U0734974

软件测试技术
实验指导与习题

主　编　王智钢　曾岳
副主编　阎　浩　钟　睿　胡盈盈

南京大学出版社

前　　言

随着全球网络信息化时代的到来,信息产业对软件人才的需求越来越大。为适应社会人才需求,推动产业经济发展,计算机软件及相关专业的人才培养正在蓬勃发展。

软件测试是软件质量保证的重要内容。随着软件规模的不断扩大,复杂程度的不断提高,新的程序设计方法和开发平台的不断出现,软件测试的重要性也日益突出,并越来越被业界所认同和重视。

软件测试是计算机软件及相关专业的一门重要课程,实践教学环节在软件测试课程中非常重要,软件测试实验是对学生的一种全面综合训练,目的在于将测试理论、测试方法、测试技术应用到实践中去,让学生熟练掌握测试工具的使用,提高学生分析问题、解决问题的能力。同时,要让学生树立软件测试和质量保证的观念,掌握规范化的测试流程。通过该课程的学习,要求学生能独立分析软件测试问题,设计测试用例,编写测试脚本,并对测试结果进行有效的分析,撰写测试报告。

本书可以用作学习软件测试课程的实验指导和练习用书。全书分为两部分内容。

第一部分为实验指导:包括黑盒测试技术、白盒测试技术和自动化功能测试——RFT三个综合性实验。实验指导过程较为详细,便于初学者由浅入深地学习和掌握软件测试的相关方法和技术。

第二部分为习题和综合测验:习题已按照教学内容进行归纳,可以让学生作为作业册使用,综合测验基本按照试卷形式组织,可以让学生作为考试复习的参考。

本书很多内容是编者团队在多年课程教学实践中积累起来的,尽管我们已经做出了很大的努力,但由于总体而言软件测试是一门新兴的技术性课程,教学内容在不断丰富和充实,技术工具在不断发展和变化,同时编者也水平有限,书中难免存在不足之处,请读者批评指正,以帮助我们不断改进和完善。

编者

2013 年 3 月

目　　录

第一部分

实 验 指 导

第一编

文艺理论

实验 1　黑盒测试技术

一、实验目的

(1) 掌握黑盒测试的基本概念和原理,掌握测试的基本方法和技术。

(2) 学会运用边界值、等价类划分和判定表等方法对应用程序进行测试。

(3) 学会设计测试用例,并能对测试用例进行优化。

(4) 学会使用测试用例对应用程序进行实际测试,并记录测试结果。

(5) 通过实验,逐步提高运用黑盒测试技术解决实际测试问题的能力。

二、实验要求

(1) 分析被测应用程序,选定合适的黑盒测试方法。

(2) 根据选定的黑盒测试方法,写出测试分析过程,并设计测试用例。

(3) 运行被测程序,使用测试用例进行实际测试,并记录测试结果。

(4) 对测试结果进行总结。

(5) 完成实验并认真书写实验报告。

三、实验设备、环境及软件

(1) 586 以上计算机一台。

(2) Windows 操作系统。

(3) "日期推算"被测应用程序(学生自行开发)。

(4) "找钱计算"被测应用程序(学生自行开发)。

四、实验内容和步骤

(一) 题目 1:测试"日期推算"程序

有一个"日期推算"程序,该程序的功能是输入一个日期,输出该日期后天的日期,例如输入 2013 年 1 月 1 日,则输出 2013 年 1 月 3 日。现在假设"日期推算"程序已经被开发出来了,请对该软件的可执行程序进行功能测试,要求用尽可能少的测试用例检测出尽可能多的软件缺陷。

为便于统一,我们约定在"日期推算"程序中有三个整型变量 Year、Month、Day,分别表示日期的年、月、日,并假设已经限定输入数据均为整数,日期中年份的有效取值范围为 1 000～9 999。

1. 测试方法的选择

首先,请选择对"日期推算"程序进行测试需要采用的测试方法和技术,完成表 1-1。

表 1 - 1　选择测试需要的方法和技术

备选选项	选择结果
A. 动态测试　　B. 静态测试	（注：二选一）
A. 白盒测试　　B. 黑盒测试	（注：二选一）
A. 等价类划分　B. 边界值分析 C. 因果图　　　D. 判定表驱动 E. 场景法　　　F. 错误推测法 G. 功能图法　　H. 正交实验设计法	（注：可多选）

【提示】

（1）由于题目已经明确是要对可执行程序进行功能测试，所以不难在动态测试与静态测试、白盒测试与黑盒测试之间进行选择。

（2）对于输入日期 2013 年 1 月 4 日和 2013 年 1 月 5 日，程序所要进行的操作是相同的，只需在表示日的数据上加 2，然后输出新的日期即可。这很容易让我们想到等价类划分的方法，把程序的输入域划分成若干部分（子集），然后从每一个子集中选取少数（例如一个）具有代表性的数据作为测试用例。

（3）由于要对多个输入条件（Year、Month、Day）的组合进行分析，所以需要结合判定表驱动法（判定表也叫决策表，对应英文为 Decision Table）。判定表是分析和表达在多个逻辑条件下针对条件的不同组合情况，执行不同操作的工具，借助判定表可以设计出测试用例来覆盖各种需要执行不同操作的输入条件组合。

2. 等价类划分

【提示】

等价类划分是一种典型的、常用的黑盒测试方法。等价类的划分有两种不同的情况：① 有效等价类：是指对于程序规格说明来说，是合理的、有意义的输入数据构成的集合。利用它，可以检验程序是否实现了规格说明预先要求的功能和性能。② 无效等价类：是指对于程序规格说明来说，是不合理的、无意义的输入数据构成的集合。利用它，可以检查程序中功能和性能的实现是否有不符合规格说明要求的地方。

划分等价类的方法有：① 按区间划分，② 按数值划分，③ 按数值集合划分，④ 按限制条件划分，⑤ 按限制规则划分，⑥ 按处理方式划分。

在确定了等价类之后，可建立等价类表。请完成针对本题各个输入数据的无效等价类表和有效等价类表。

（1）无效等价类表：请完成如表 1 - 2 所示的无效等价类表。

表 1 - 2　无效等价类表

输入变量	无效等价类
Year	① ②

续表

输入变量	无效等价类
Month	① ②
Day	① ②

（2）有效等价类表：以日期数据 Day 为例，并不能简单地将 1≤Day≤31 划分为一个有效等价类。因为对于 Day＝1 和 Day＝31，程序所要执行的操作是不同的，所以需要更加细致地划分有效等价类。请认真分析，全面思考，并完成如表 1-3 所示的有效等价类表。

表 1-3　有效等价类表

输入变量	有效等价类
Year	Y1： Y2：
Month	M1： M2： M3： M4：
Day	D1： D2： D3： D4： D5： D6：

3. 程序操作（动作）表

请分析程序的功能，并结合等价类划分的情况，列出程序对输入数据 Year、Month、Day 可能做出的各种操作（即列出所有的动作桩），并填入如表 1-4 所示的程序操作（动作）表。

表 1-4　程序操作（动作）表

操作编号	操作（动作）
A1	
A2	
A3	

操作编号	操作（动作）
A4	
A5	
A6	
A7	

4. 针对有效等价类的简化决策表

【提示】

决策表有 4 个组成部分，如图 1-1 所示。

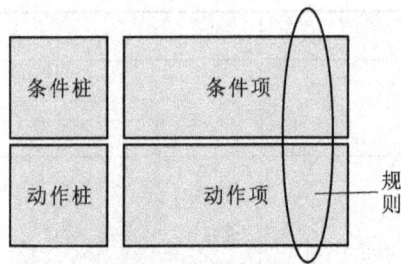

图 1-1 决策表的组成

决策表中一组条件加上对应的动作（也就是决策表中的一个列）称为一条规则。可以把两条或多条具有相同动作、而其条件项之间存在着相似性的规则合并，以简化决策表。

输入条件有三个，即三个输入变量 Year、Month、Day。根据等价类划分可知，Year 有 2 个有效等价类，Month 有 4 个有效等价类，Day 有 6 个有效等价类。这样一来，三个条件所有可能的组合数为 $2 \times 4 \times 6 = 48$ 种，但其中一些执行相同操作的条件组合可以合并，经过简化合并后的决策表不唯一，有一种较为优化的方案，化简后共有 17 种规则（列）。请完成如表 1-5 所示的针对有效等价类的简化决策表。

表 1-5 针对有效等价类的简化决策表

决策表规则编号		R1	R2	R3	R4	R5	R6	R7	R8	R9	R10	R11	R12	R13	R14	R15	R16	R17
条件	Year																	
	Month																	
	Day																	
动作	A1																	
	A2																	
	A3																	
	A4																	
	A5																	
	A6																	
	A7																	

5. 测试用例设计

根据简化判定表,请为不同的规则(对应判定表中的不同的列)设计不同的测试用例,填写在表1-6的测试用例表中,并在"预期执行结果"中填写预期的测试输出。

表1-6 测试用例表

测试用 例编号	决策表 规则编号	测试用例	预期执行结果	实际执行结果
T1	R1			
T2	R2			
T3	R3			
T4	R4			
T5	R5			
T6	R6			
T7	R7			
T8	R8			
T9	R9			
T10	R10			
T11	R11			
T12	R12			
T13	R13			
T14	R14			
T15	R15			
T16	R16			
T17	R17			

6. 执行测试用例

请根据"日期推算"程序功能要求,自行开发该程序。

实际执行"日期推算"程序,输入各个测试用例,并将执行结果记录在测试用例表中。

7. 测试执行结果统计

对比测试用例表中各测试用例的"预期执行结果"和"实际执行结果",并填写测试用例执行结果统计表,如表1-7所示。

表 1 - 7　测试用例执行结果统计表

项　　目	统计数据
测试用例总数	
测试用例覆盖率	
执行测试用例数	
测试用例执行率	
已通过的测试用例数	
未通过的测试用例数	
软件缺陷密度	

（二）题目 2：测试"找钱计算"程序

假设某小超市商品价格 P 均小于等于 100 元，且为整数，并且顾客付款 M 也都在 100 元以内，该超市的 POS 机上有一个计算找零钱的程序。为了方便找钱，该程序的功能是：输入商品价格 P 和顾客付款 M，程序计算出需要货币张数最少的找钱方案 C。（假设货币面值只有 50 元、10 元、5 元、1 元 4 种）

假设"找钱计算"程序已经被开发出来了，现请对该软件的可执行程序进行功能测试，要求用尽可能少的测试用例检测出尽可能多的软件缺陷。

1. 测试方法的选择

请分析思考并选择最合适的黑盒测试方法，并填写在表 1 - 8 中。

表 1 - 8　选择黑盒测试法

备选选项	选择结果
A. 等价类划分　　　B. 边界值分析 C. 因果图　　　　　D. 决策表 E. 场景法　　　　　F. 错误推测法 G. 功能图法　　　　H. 正交实验设计法	（注：单选）

【提示】

在等价类划分法中，可从某等价类中随便挑一个作为代表来进行测试，但很多时候，错误往往发生在等价类的边界上。

2. 边界值分析

边界值分析法就是对输入或输出的边界值进行测试的一种黑盒测试方法。使用边界值分析方法设计测试用例，首先应确定边界情况，应当选取正好等于、刚刚大于或刚刚小于边界的值作为测试数据，而不是选取等价类中的典型值或任意值作为测试数据。在测试过程中，边界值分析法是通过选择等价类边界的测试用例进行测试的。边界值分析法与等价类划分法的区别为边界值分析不是从某等价类中随便挑一个作为代表，而是使这个等价类的每个边界都要作为测试条件。另外，边界值分析不仅要考虑输入条件边界，还要考虑输出域边界产生的测试情况。

(1) 输入数据的边界值:请分析 P、M 以及 M−P 的边界值,并填写在表 1−9 中。

表 1−9　分析边界值

边界值编号	数据项	边界值
P1—P6	P	
M1—M6	M	
MP1—MP6	M−P	

(2) 输出数据的边界值:请分析输出数据的边界值,并填写在表 1−10 中。

表 1−10　分析输出数据的边界值

边界值编号	数据项	边界值

【提示】

程序的输出是通过计算得到的需要货币张数最少的找钱方案 C。由于已经假设货币面值只有 50 元、10 元、5 元、1 元 4 种,所以程序的输出实际上就是找钱方案中各种面值的货币张数,共有 4 个输出变量,分别表示面值 50 元、10 元、5 元、1 元货币的张数。

3. 测试用例设计

针对各个边界值,设计测试用例覆盖各个边界值,并制作测试用例表。测试用例表格式如表 1−11 所示,请在实验报告中填写完整。

表 1−11　测试用例表

测试用例编号	测试用例	覆盖的边界值编号	预期执行结果	实际执行结果
T1	P=　　M=		N50=　　N10= N5=　　N1=	N50=　　N10= N5=　　N1=

4. 执行测试用例

请根据"找钱计算"程序功能要求,自行开发该程序。

实际执行"找钱计算"程序,输入各个测试用例,并将执行结果记录在测试用例表中。

5. 测试执行结果统计

对比测试用例表中各测试用例的"预期执行结果"和"实际执行结果",填写表 1−12 所示的测试用例执行结果统计表。

表 1 - 12 测试用例执行结果统计表

项　　目	统计数据
边界值总数	
测试用例覆盖到的边界值总数	
测试用例覆盖率	
测试用例总数	
执行测试用例数	
测试用例执行率	
已通过的测试用例数	
未通过的测试用例数	
出错的边界值数	
软件(边界值)缺陷密度(出错的边界值数/边界值总数)	

五、实验思考

（1）请结合题目 1 测试"日期推算"程序中的测试用例设计,用具体的例子来解释一下测试用例设计中的一些基本原则。

（2）在对应用程序执行测试用例的过程中,你遇到了什么问题影响了你的工作效率,你希望有怎样的辅助工具软件?

六、实验体会和收获

请在实验报告中写出实验过程中的体会,以及做完本实验后的收获。

实验 2　白盒测试技术

一、实验目的

(1) 掌握静态白盒测试的技术和原理。

(2) 了解静态白盒测试工具 Logiscope 的使用方法。

(3) 掌握逻辑覆盖测试的方法和原理。

(4) 掌握基本路径测试的方法和原理。

二、实验要求

(1) 按照实验题目要求,完成相关的白盒测试工作,并写出详细的测试步骤和测试结果。

(2) 实验完成后,按照要求编写实验报告。

三、实验设备、环境及软件

586 以上的计算机,Window XP 或以上版本的操作系统,Logiscope 软件。

四、实验步骤

(一) 使用 Logiscope 完成静态白盒测试

【例题 1】使用 Logiscope 测试工具,完成对 Java 源程序 sorting. java 的静态白盒测试工作。

1. 创建测试项目

(1) 打开 Logiscope 软件,界面如图 2-1 所示。

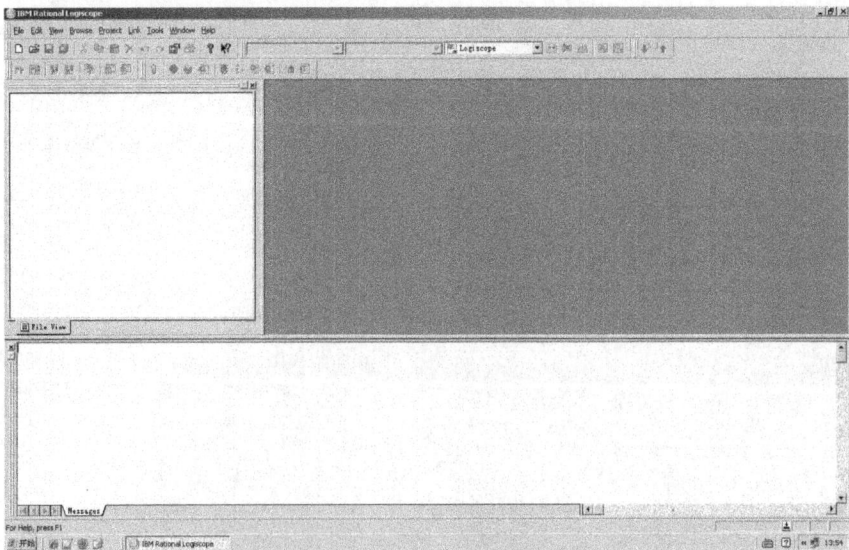

图 2-1　Logiscope 界面

（2）选择【File】→【New】，创建新的测试工程，界面如图 2-2 所示。

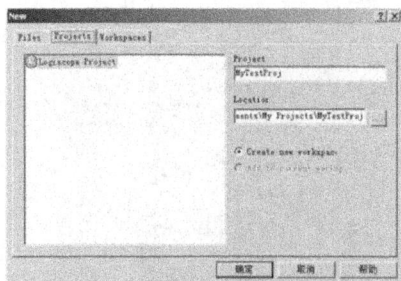

图 2-2 新建项目

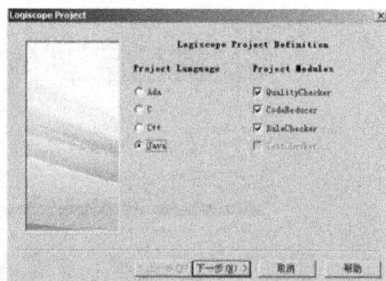

图 2-3 选择被测程序语言和测试模块

（3）分别输入项目名称和项目存放目录，选择"Create a new workspace"，然后点击【确定】按钮进入下一步，如图 2-3 所示。

（4）选择项目测试语言为"Java"，选择测试模块为"QualityChecker""CodeReducer""RuleChecker"，此三项分别表示质量检查、重复代码检查和编码规则检查。点击【下一步】按钮，弹出界面如图 2-4 所示。

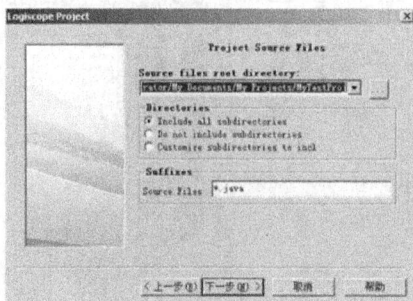

图 2-4 选择被测代码

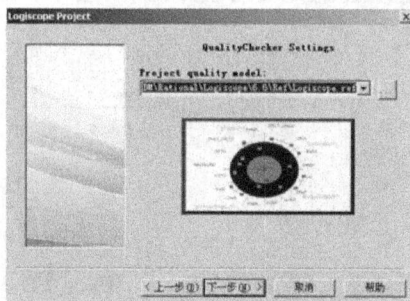

图 2-5 选择质量模型

（5）选择源代码查所在的文件夹，设置文件扩展名为".java"，然后点击【下一步】，弹出界面如图 2-5 所示。

（6）选择需要的软件质量评估模型，点击【下一步】，弹出界面如图 2-6 所示。

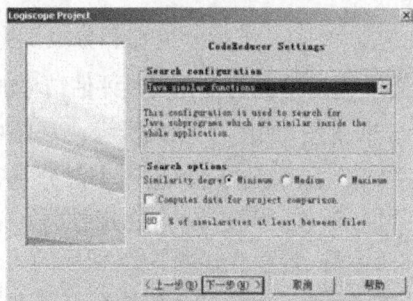

图 2-6 设置重复代码检查参数

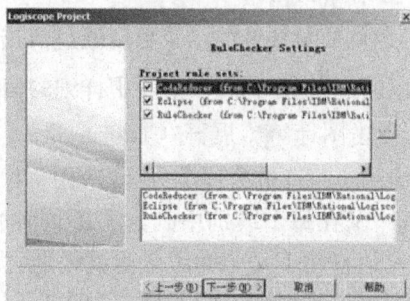

图 2-7 选择编码规则集

（7）选择代码重复的评定条件，设定相关参数，点击【下一步】，弹出界面如图 2-7所示。

（8）选择代码检查的规则集，点击【下一步】，弹出界面如图 2-8 所示。

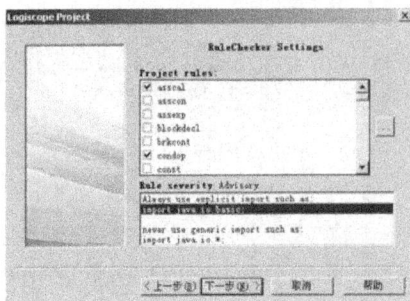

图 2-8　设定编码规则　　　　　图 2-9　编码规则高级设置

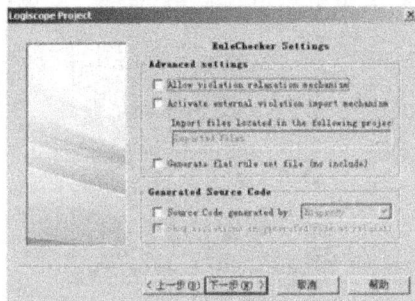

（9）根据实际需要，选择合适的编码规则（每个编码规则的具体含义在界面的下方都有说明），一般采用默认的规则集里的规则即可。点击【下一步】，弹出界面如图 2-9 所示。

（10）采用默认设置，直接点击【下一步】，弹出界面如图 2-10 所示，点击【完成】后测试工程创建完毕。

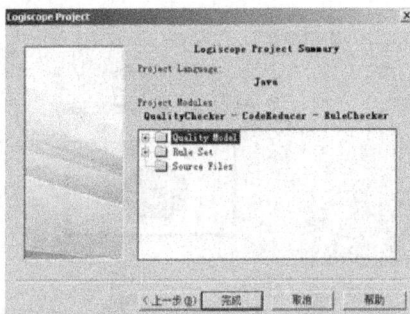

图 2-10　工程创建完成　　　　　图 2-11　选择测试源程序

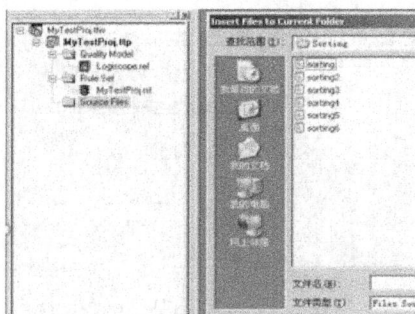

（11）鼠标右键点击左边导航树中的"Source Files"，选择菜单项"Insert Files"，弹出文件选择框，选择需要测试的源文件 sorting. java。

（12）选择菜单中的【Project】→【Build】，至此本项目的测试工作完成。

2．查看测试结果

（1）软件质量评估的结果可以通过点击图标 　进行分类别和分级别查看，另外还可以通过点击图标 　查看更详细的信息。下面举例简单说明查看质量评估结果的方法。

① 点击图标 　，展开"Criteria Tree"的评估结果视图，如图 2-12 所示。从图中可以看到 Logiscope 将被测程序分为"应用程序""模块""类""函数及方法"这 4 个部分进行质量评估，其中又在每个级别中列出了不同评估特性：可分析性、可变更行、稳定性、可测试性。在每个评估特性下又分为 4 个测试级别：优秀、良好、中等、差。点击相应级别前的"＋"，可以查看到对应该级别下的条目。如图 2-12 所示，类 sorting 下的三个方法经测试都属于良好。双击某个方法，在 Logiscope 下方的"Metrics"窗口里可以看到详细的质量评估条目的结果，如图 2-14 所示。

② 点击图标 　，展开"Factor Tree"的评估结果视图，如图 2-13 所示。其中评估结果

查看方法与"Criteria Tree"的相似,不再赘述。

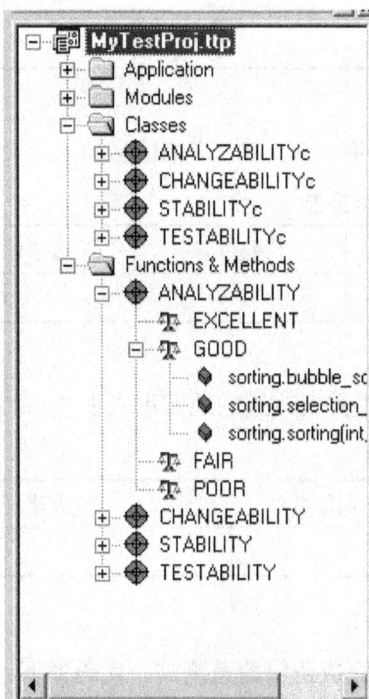

图 2－12　Criteria Tree 视图　　　　**图 2－13　Factor Tree 视图**

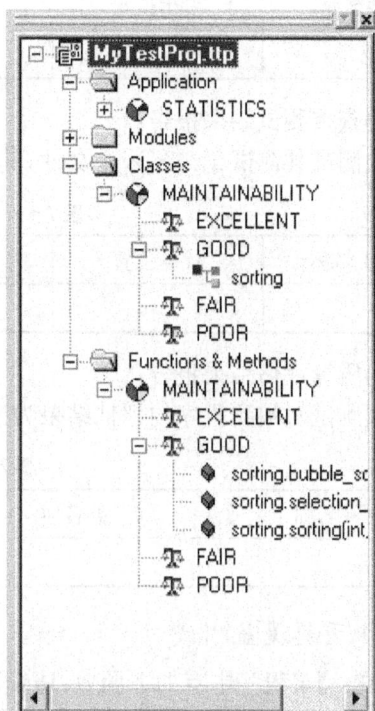

图 2－14　Metrics 窗口

（2）软件代码重复度测试结果可以通过点击图标 ⬚⬚⬚⬚⬚ 来详细查看。

（3）软件编码规则的测试结果可以通过点击图标 ⬚⬚⬚⬚ 来详细查看。

（以上两种测试结果的查看方法与质量评估结果查看方法相似,不再赘述。）

3. 编写测试报告

根据测试结果,分别从测试的三个方面对被测程序进行分析和报告。

编码规则测试结果报告:

本次测试共测试了×××条编码规则,其中测试通过×××条,不通过×××条,建议改进×××条,忽略×××条。详细信息记录在表 2－1 中(在表中记录程序需要改正和改进的地方)。

表 2-1　编码测试报告

文件名称	发生位置	不通过原因	改进建议	重要程度

代码查重测试结果报告：

本次测试共测试了×××个文件,其中重复代码有×××处,详细信息填入表 2-2 中。

表 2-2　重复代码测试报告

文件 1 名称	代码位置	文件 2 名称	代码位置	改进建议

代码质量评估结果报告：

本次测试对被测程序的评估结果为×××。其中需要改进的地方填入表 2-3 中。

表 2-3　测试结果

文件名称	类名称	函数名称	改进建议

(二) 逻辑覆盖测试

【例题 2】某程序中有如下函数,请编写测试用例完成逻辑覆盖测试。代码如下：

```
public int getNmb (int x, int y)
{
        int z=1;
        int ret=0;
        if (x<0)
        {
            z=y-x;          //语句块 1
        }
        else
        {
            z=y+x;          //语句块 2
        }
        if (z>10 && Y>0)
        {
            ret=z*y;        //语句块 3
        }
        else
        {
            ret=z*x;        //语句块 4
        }

        return ret;         //语句块 5
}
```

1. 画出程序流程图

函数 getNmb()流程图如图 2-15 所示。

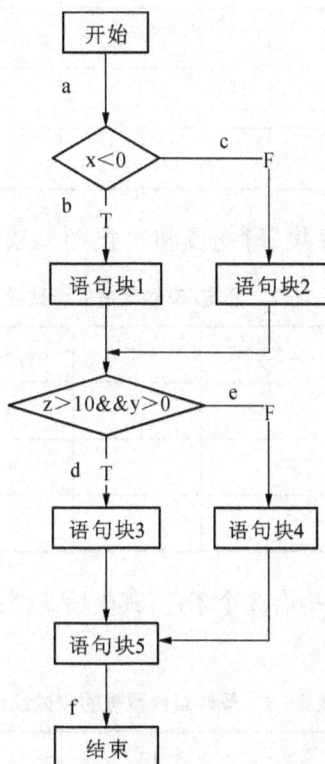

图 2-15 函数 getNmb()流程图

2. 设计测试用例

(1) 语句覆盖:本程序中共 5 个可执行语句块,故设计测试用例如表 2-4 所示。

表 2-4 语句覆盖的测试设计

测试用例	覆盖语句	所走路径
(−5,20)	1,3,5	a,b,d,f
(5,1)	2,4,5	a,c,e,f

(2) 分支覆盖:本程序共 2 个分支,故设计测试用例如表 2-5 所示。

表 2-5 分支覆盖的测试设计

测试用例	x<0	z>10 && y>0	所走路径
(−1,1)	T	F	a,b,e,f
(1,20)	F	T	a,c,d,f

(3) 条件覆盖:本程序共 3 个条件,故设计测试用例如表 2-6 所示。

表 2-6   条件覆盖的测试设计

测试用例	x<0	z>10	y>0	所走路径
(-1,20)	T	T	T	a,b,d,f
(1,5)	F	F	T	a,c,e,f
(15,0)	F	T	F	a,c,e,f

(4) 分支/条件覆盖:本程序共 2 个分支和 3 个条件,故设计测试用例如表 2-7 所示。

表 2-7   分支/条件覆盖的测试设计

测试用例	x<0	z>10&&y>0	x<0	z>10	y>0	所走路径
(-1,15)	T	T	T	T	T	a,b,d,f
(2,6)	F	F	F	F	T	a,c,e,f
(20,0)	F	F	F	T	F	a,c,e,f

(5) 条件组合覆盖:本程序中有 3 个条件,其中后 2 个条件可以组合,故设计测试用例如表 2-8 所示。

表 2-8   条件组合覆盖的测试设计

测试用例	x<0	z>10	y>0	所走路径
(-1,20)	T	T	T	a,b,d,f
(1,5)	F	F	T	a,c,e,f
(15,0)	F	T	F	a,c,e,f
(2,-1)	F	F	F	a,c,e,f

(6) 路径覆盖:本程序中共有 a,b,c,d,e,f 6 条路径,设计测试用例如表 2-9 所示。

表 2-9   路径覆盖的测试设计

测试用例	所走路径
(-5,20)	a,b,d,f
(5,1)	a,c,e,f

3. 进行测试

运行程序,并输入相关用例完成测试,并编写测试报告。

(三) 基本路径测试

【例题 3】某软件中包含如下函数,请设计测试用例完成基本路径测试。函数代码如下:

```
1    public int getCode(int num, int cycle, boolean flag)
2    {
3        int ret = 0;
4        while( cycle > 0 )
5        {
6            if( flag == true )
7            {
8                ret = num - 10;
9                break;
10           }
11           else
12           {
13               if( num%2 ==0 )
14               {
15                   ret = ret * 10;
16               }
17               else
18               {
19                   ret = ret + 1;
20               }
21           }
22           cycle--;
23       }
24       return ret;
25   }
```

1. 根据程序画出程序控制流图

函数 getCode()控制流图如图 2-16 所示。

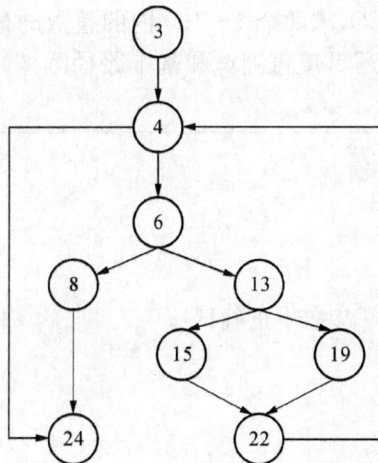

图 2-16　函数 getCode()控制流图

2. 计算控制流图的环路复杂度,设计计算方法

V(G)＝11 条边－9 个节点＋2＝4

V(G)＝3 个判定节点＋1＝4

V(G)＝4 个区域＝4

故该图环路复杂度为 4。

3. 导出基本路径

A. 3－4－24

B. 3－4－6－8－24

C. 3－4－6－13－15－22－4－24

D. 3－4－6－13－19－22－4－24

4. 设计测试用例

设计测试用例如表 2－10 所示。

表 2－10　设计测试用例

测试用例	覆盖基本路径
(10,0,true)	A
(100,10,true)	B
(10,1,false)	C
(5,1,false)	D

5. 进行测试

运行程序,输入相关用例完成测试,并编写测试报告。

五、实验内容

【题目 1】使用 Logiscope 对其自带的 Java 程序 sorting6. java 进行静态白盒测试,并编写测试报告。

【题目 2】使用 Logiscope 对其自带的 C 程序 sorting6. c 进行静态白盒测试,并编写测试报告。

【题目 3】编写函数 getGCD,求两个 1～100 内的整数的最大公约数(通过参数传入两个整数)。设计测试用例完成逻辑覆盖测试和基本路径测试,并编写测试报告。参考代码如下:

```
public int getGCD(int x, int y)
{
    if(x<1 || x>100)
    {
        system. out. println("参数不正确!");
        return －1;
    }
    if(y<1 || y>100)
    {
```

```
            system. out. println("参数不正确!");
        return -1;
    }


    int max,min,result=1;
    if(x>=y)
    {
        max=x;
        min=y;
    }
    else
    {
        max=y;
        min=x;
    }
    for(int n=1; n<=min; n++)
    {
        if(min%n==0 && max%n==0)
        {
            if(n>result)
                result=n;
        }
    }
    system. out. println("最大公约数为:"+result);
    return result;
}
```

【题目 4】编写程序判断一个在 0~500 之间的整数,能否被 3,5,7 整除,并输出相关信息,如:

(1) 能够同时被 3,5,7 整除。

(2) 能够同时被其中的任意两个数整除,并给出这两个数。

(3) 只能被其中任一整数整除,并给出这个整数。

(4) 不能被任一整数整除。

要求:

(1) 完成程序开发工作。

(2) 使用 Logiscope 工具对该程序进行静态白盒测试。

(3) 设计相关用例完成逻辑覆盖测试和基本路径测试。

(4) 完成测试报告的编写。

六、实验思考

（1）软件质量评估模型有哪些？尝试在 Logiscope 里运用不同的质量模型对程序测试。

（2）在逻辑覆盖测试中，如何设计用更少的用例完成尽可能多的覆盖？

七、实验体会和收获

请在实验报告中写出实验过程中的体会，以及做完本实验后的收获。

实验 3 自动化功能测试——RFT

一、实验目的

通过使用 IBM Rational Functional Tester 进行软件功能测试,感受基于 GUI 的自动化测试原理和方法。熟悉 RFT 这一工具软件的操作,包括测试脚本录制、回放、验证点插入、日志分析、数据驱动应用等。

二、实验要求

(1) 根据实验内容部分的指导逐步进行 RFT 操作。

(2) 记录每一步的操作内容,了解操作相关的按钮、菜单、配置,思考该操作的目的。

(3) 每一个实验任务结束时,查看日志记录,判断测试结果是否符合预期。

(4) 把日志文件以文本形式保存下来,日志内容将作为实验结果在实验报告中体现。

(5) 完成实验并如实书写实验报告。

三、实验设备、环境及软件

(1) 586 以上计算机一台。

(2) VMware 软件,虚拟 Windows XP 操作系统。

(3) Rational Functional Tester 测试软件。

(4) RFT 自带的 Java 应用程序"ClassicsCD 订购系统"。

四、实验内容和步骤

(一) 准备工作

为了保证 RFT 软件运行环境干净,降低系统运行异常的可能性,厂商往往采用虚拟机文件的方式提供 RFT 应用,因此需要在准备阶段安装好 VMware 软件。

C:\Solutions-TST279 目录下是 IBM 提供的测试项目样例。其中 C:\Solutions-TST279\Solutions-TST279 目录存有测试脚本,C:\Solutions-TST279\Solutions-TST279_logs 目录保存测试脚本运行后的日志记录。

准备步骤如下。

(1) 安装虚拟主机软件 VMware Workstation,打开厂商提供的 Windows XP 操作系统虚拟机文件,该虚拟机内置 RFT 软件。

(2) 熟悉 RFT 自带的 ClassicsCD 订购应用程序。运行 ClassicsJavaA,进行作曲家、曲目选择,用户登录,输入信用卡号、类型,并进行订购操作。

(3) 点击【开始】→【程序】→【IBM Software Delivery Platform】→【IBM Rational Functional Tester】→【Java 脚本编制】,启动 RFT。

（4）在"Workspace Launcher"对话框中，点选"Use this as the default and do not ask again"选择框。

（5）连接 Solutions－TST279 项目。如果 Solutions－TST279 项目未出现在项目列表中，则打开【File】→【Connect to a Functional Test Project】菜单，点击【Browse】按钮，选择路径"C:\Solutions－TST279\Solutions－TST279"。

（6）如果 Functional Test 视图尚未准备好，则执行【Window】→【Open Perspective】→【Other】→【Functional Test】菜单以打开视图。

在 Functional Test 项目浏览器中，可以看到 Solutions－TST279 项目下的 Solutions－TST279 和 Solutions－TST279_logs 两个目录。

（二）任务一：录制脚本，插入校验点，脚本回放和日志查看

本任务中，我们将录制并执行一个完整的测试用例，实现对 ClassicsCD 系统订购操作的自动化测试，并查看日志，分析测试结果是否符合预期。

具体操作步骤包括：

（1）启动脚本录制。

（2）插入第一个数据验证点。

（3）插入第二个数据验证点。

（4）插入属性验证点。

（5）脚本回放和日志查看。

（6）将日志类型设置为文本形式。

请根据后续说明进行实验，完成时保存日志文本作为实验结果。

1. 启动脚本录制

在本过程中，我们将启动脚本录制，确定脚本名、关联的测试对象库及被测应用。

录制脚本时，RFT 将为进行测试的应用程序创建一个测试对象库，即 Test Object Map。RFT 把被测应用的组成元素识别为一个个对象，所有涉及到的测试对象被保存于测试对象库中。每一个脚本都和一个测试对象库文件相关联。库文件可以是专用的，即只和一个测试脚本关联，也可以由多个测试脚本共享。共享库的优势是，只要更新一次，所有关联的脚本都可共享更新后的信息。本实验中，我们设置为共享对象库。

（1）在"Functional Test"视图中，点击【Record a Functional Test Script】按钮启动脚本录制，如图 3－1 所示。

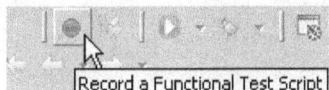

图 3－1　点击启动脚本录制

（2）在"Record a Functional Test script"对话框中选择"Solutions－TST279"项目并键入脚本名"OrderBachViolin"，完成后点击【Next】按钮，如图 3－2 所示。

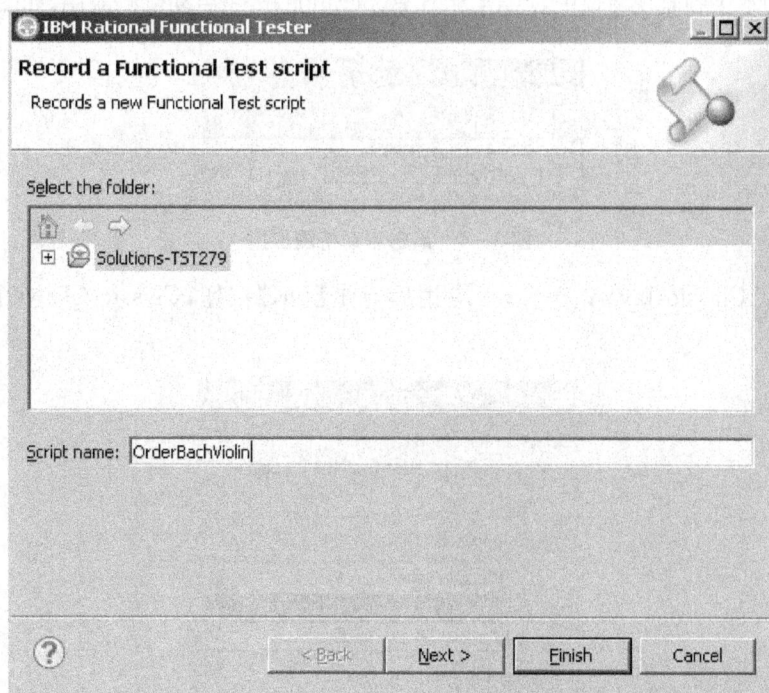

图 3-2 键入脚本名

（3）在"Select Script Assets"对话框中，设置"Test Object Map"为"/SharedMap. rftmap"，并选中"Test Object Map"选择框，完成后点击【Finish】按钮，如图 3-3 所示。

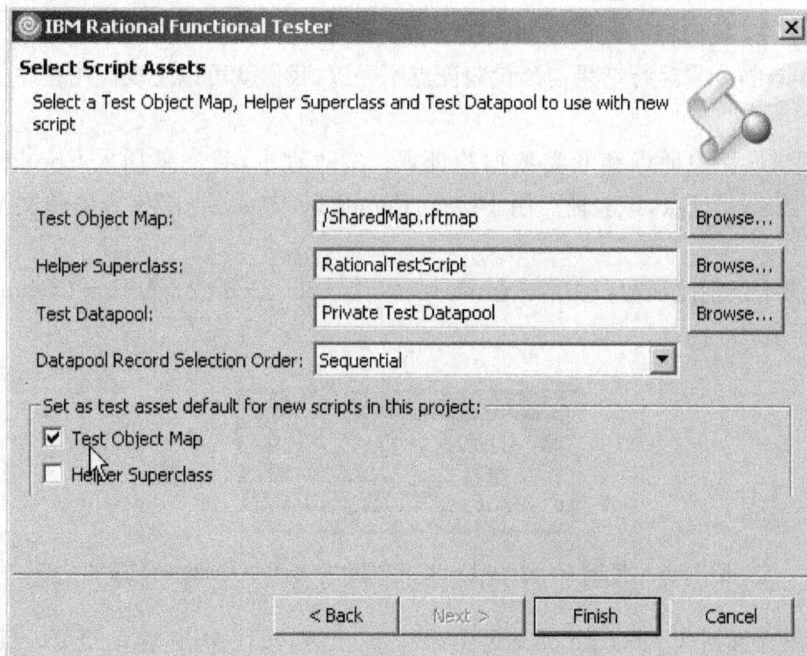

图 3-3 配置 Script Assets

（4）在脚本录制监视窗口中，点击【Start Application】按钮启动待测应用，如图 3-4 所示。

图 3-4　点击启动待测应用

（5）选择"ClassicsJavaA － java"应用后点击【OK】按钮，ClassicsCD 应用启动，如图 3-5 所示。

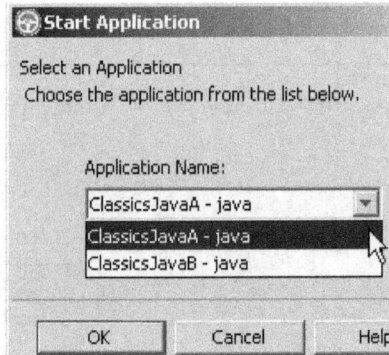

图 3-5　启动 ClassicsCD

（6）展开"Bach"目录选择"Violin Concertos"曲目，点击【Place Order】按钮。

2. 插入第一个数据验证点

在本过程中，我们将创建一个数据验证点。验证点提供被测对象的属性或数据基线。回放测试脚本时，如果运行结果与预设验证点不一致，我们就可以发现应用程序的缺陷或预期更改。

RFT 提供属性验证点和 6 类数据验证点。本过程中，我们将插入 Checkbox Visible Text 类型的数据验证点，该验证点用于检查"Remember Password"检查框的文本显示是否正确。

（1）在脚本录制监视窗口中点击【Insert Verification Point or Action Command】按钮，如图 3-6 所示。

图 3-6　点击【Insert Verification Point or Action Command】按键

（2）把鼠标移到"Object Find"工具图标 🖐 上方，按住左键，拖动至 ClassicsCD 窗口的"Remember Password" ☐ Remember Password 选择框上，松开鼠标。被选中对象突出显示红框,点击【Next】按钮进入下一步。

(3) 如果原来未选中,则点击选中"Perform Data Verification Point"选择框,完成后点击【Next】按钮,如图3-7所示。

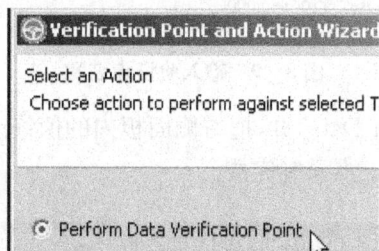

图3-7 选中"Perform Data Verification Point"

(4) 在"Data Value"下拉框中,选择"CheckBox Visible Text"项,如图3-8所示。点击【Next】按钮进入下一步后点击【Finish】。此时被测应用中"Remember Password"选择框文本的验证点已插入,在脚本录制监视窗口中可看到验证点已插入的提示。

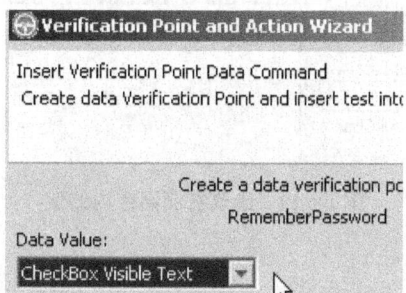

图3-8 选中"CheckBox Visible Text"

(5) 继续操作被测应用ClassicsCD,点击"Member Logon"对话框的【OK】按钮后出现预订界面。点击"Quantity"输入区,敲击【Home】键将光标移至字串首位,然后在按下【Shift】键的同时敲击【End】键,点按【Delete】键以删除所有字符。输入"10"作为购买数量。

把光标移至"Card Number"输入区域,输入"1234 1234 1234 1234"。在"Expiration Date"输入区域键入"12/15"。

3. 插入第二个数据验证点

本过程中,我们将创建一个Label Visible Text类型的数据验证点,该验证点用于检查CD订购总金额是否正确。

(1) 在脚本记录监视窗口中,点击【Insert Verification Point or Action Command】按钮录入另一个验证点。选上"After selecting an object advance to the next page"选项。

(2) 把"Object Finder"工具图标拖到验证对象总金额上 **Total: $150.90** ,点击【Next】按钮进入下一步。

(3) 在"Insert Verification Point Data Command"页中,输入验证点名称"OrderTotalAmount",点击【Next】按钮,如图3-9所示。

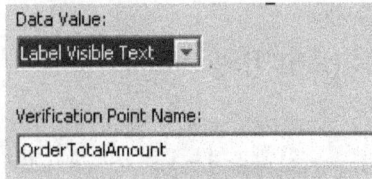

图 3 - 9　输入验证点名称

（4）在"Verification Point Data"页，把右侧面板内的值修改为"＄16.99"，点击【Finish】按钮，如图 3 - 10 所示。该验证点录制完成。

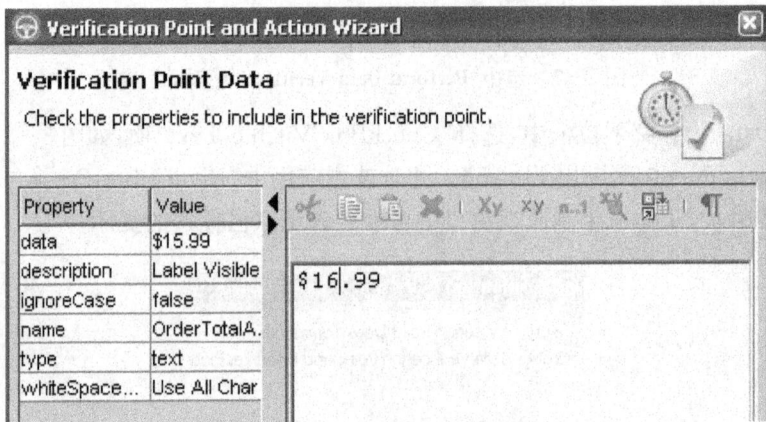

图 3 - 10　修改右侧面板内的值

4. 插入属性验证点

本过程中，我们将创建一个属性验证点，用于验证 Place Order 按钮是否处于激活状态。

（1）再次在脚本记录监视窗口中点击【Insert Verification Point or Action Command】按钮录入第三个验证点。在前两个验证点，我们通过选择"Perform Data Verification Point"设置对被测对象的数值进行检查，而在此验证点，我们将检查被测对象的属性。

（2）把"Object Finder"工具图标拖到被测应用的【Place Order】按钮上。

（3）在"Select an Action"页，点中"Perform Properties Verification Point"选项，该选项表示对被测对象的属性进行检查。点击【Next】按钮进入下一步，如图 3 - 11 所示。

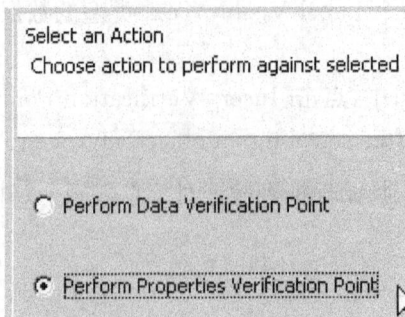

图 3 - 11　选中"Perform Properties Verification Point"

（4）在"Insert Properties Verification Point Command"页，将"Include Children"字段设置为"None"，验证点名称设为"PlaceOrderButtonProperties"。点击【Next】进入下一步，如图3-12所示。

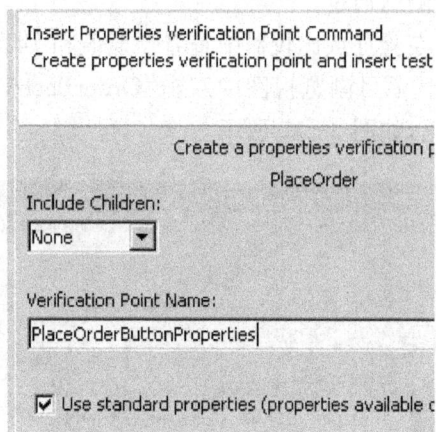

图 3-12 设置"Insert Properties Verification Point Command"页

（5）在"Verification Point and Action Wizard"窗口中，调整右侧面板尺寸以保证同时看到"Property"和"Value"字段。点击"actionCommand"和"enabled"属性对应的选择框，将这两种属性作为验证点，如图 3-13 所示。

点击【Finish】按钮，完成测试对象属性验证点录制。

图 3-13 设置"Verification Point and Action Wizard"

（6）在被测应用中，点击【Place Order】按钮。然后在弹出的表示订购成功的对话框上点击【OK】。关闭 ClassicsCD 窗口。

（7）在脚本录制监视窗口中点击【Stop Recording】按钮，"OrderBachViolin"脚本录制完成，如图 3-14 所示。

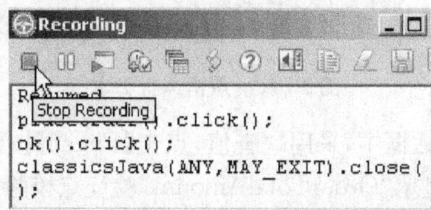

图 3-14 录制完成"OrderBachViohin"脚本

5. 脚本回放和日志查看

本过程对已录制的 OrderBachViolin 脚本进行回放，并将脚本运行日志以网页形式保存和显示。回放结果显示 CD 订购总金额和预设值不一致，所以 OrderTotalAmount 验证点验证失败，另两个验证点测试通过。

验证失败时，我们可以在验证点比较器中查看预期值和实际值以进行对比。

（1）在"Funtional Test"项目浏览视图中双击"OrderBachViolin"脚本，在 Java 脚本视图中可以看到该脚本的代码，如图 3 - 15 所示。

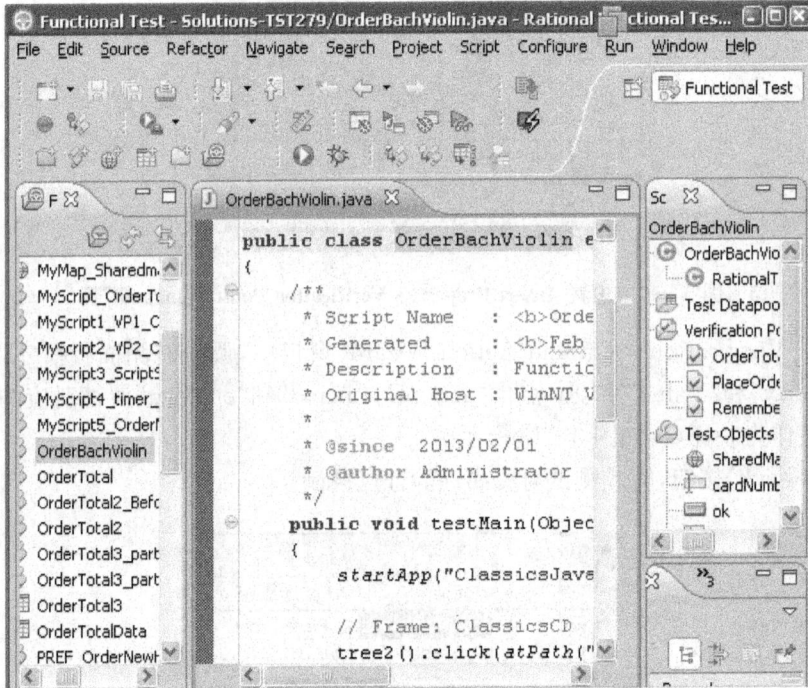

图 3 - 15　预览"OrderBachViolin"脚本

（2）点击"Functional Test"窗口工具条上的【Run Functional Test Script】按钮，运行"OrderBachViolin"脚本，如图 3 - 16 所示。

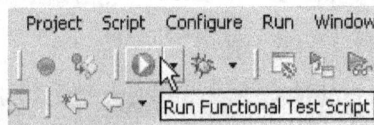

图 3 - 16　点击运行脚本

（3）在"Select Log"对话框中，采用缺省值，点击【Finish】按钮，系统会自动弹出网页形式的日志文件。左侧面板显示"OrderTotalAmount"验证点校验失败，其他两个验证点校验通过。右侧面板显示了脚本执行过程中的关键信息。如图 3 - 17 所示。

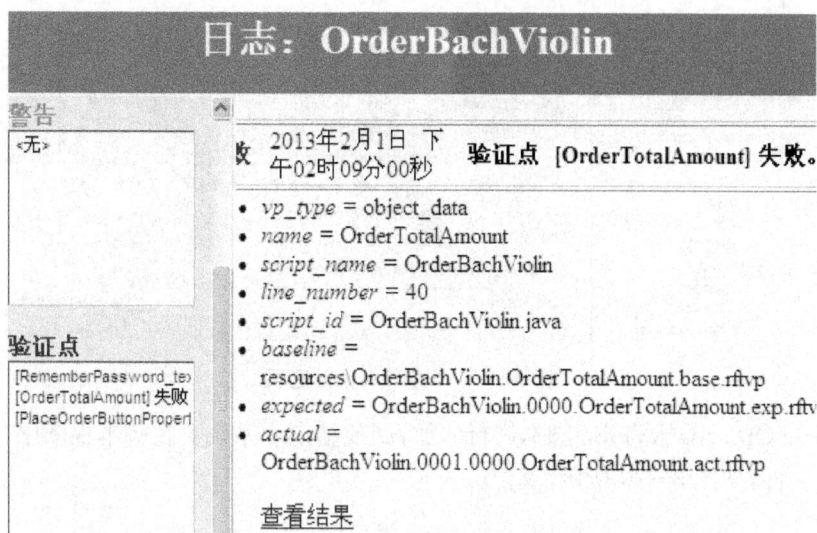

图 3 - 17　显示验证点的运行结果

（4）点击"OrderTotalAmount"栏下的超链查看结果，可打开验证点比较器。在此我们能够观察到，验证点的期望值为"＄16.99"，而实际执行结果是"＄15.99"，如图 3 - 18 所示。

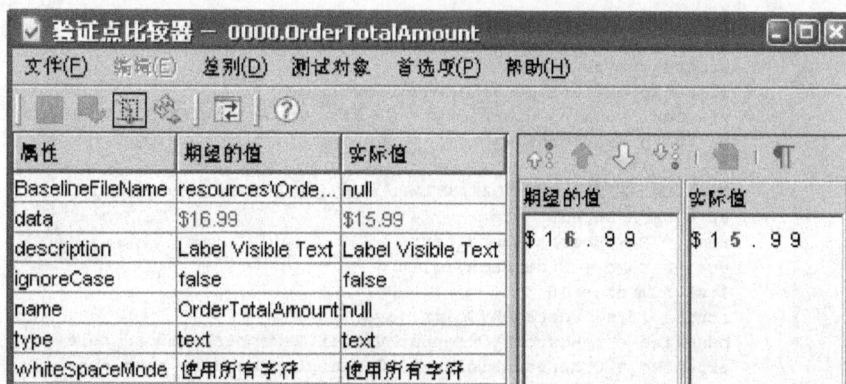

图 3 - 18　验证点比较器

（5）关闭验证点比较器，关闭 LOG 文件。

6. 将日志类型设置为文本形式

本过程演示用文本形式来保存并显示脚本运行日志。

（1）点击【Window】→【Preferences】菜单，在弹出的对话框中选择【Functional Test】→【Playback】→【Logging】，反选"Use Default"选择框，在"Log type"下拉框中选择"text"选项，点击【Finish】按钮完成设置，如图 3 - 19 所示。

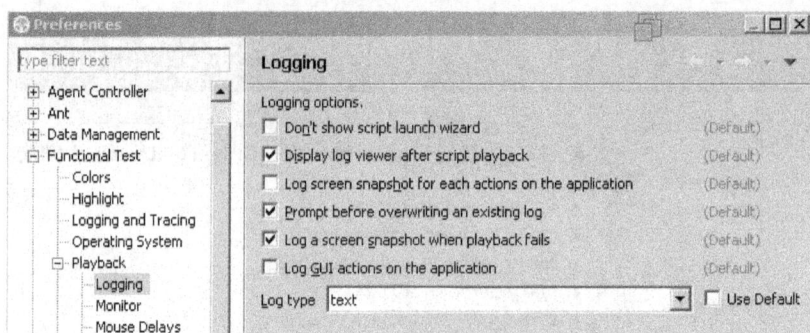

图 3 - 19　设置 Logging 选项

（2）打开 OrderBachViolin 脚本进行回放,回放结束后系统会在脚本视图中打开文本形式的 LOG 文件,如图 3 - 20 所示。

图 3 - 20　查看 Log 文件

（3）把日志类型恢复为缺省的 HTML 形式。

（4）关闭 OrderBachViolin 脚本文件及所有 LOG 文件,结束本实验任务。

（三）任务二:采用数据驱动方式进行自动化测试

本任务中,我们将录制并执行一个包含数据驱动的测试脚本,实现对 ClassicsCD 系统订购操作的多用例自动化测试,并通过日志查看结果是否与资源池内预先录入的数据吻合。

数据驱动方式把测试数据和测试脚本分离,在不修改测试脚本的情况下,通过更新测试数据输入实现针对多条测试用例的自动化测试。

我们可以使用 RFT 提供的数据池作为数据源,也可以使用外部的 EXCEL、TXT 文件作为数据源。本实验将展示 DATA POOL 作为数据源的操作过程。

具体操作步骤包括:

(1) 记录测试脚本并插入数据驱动。

(2) 修改数据驱动命令表中的变量名。

(3) 插入和数据池关联的验证点。

(4) 在数据池中增加数据。

(5) 运行测试脚本并观察日志。

请根据后续说明进行实验,保存日志文本作为实验结果。

1. 记录测试脚本并插入数据驱动

本过程将启动一个 OrderTotal 测试脚本的录制。在这个脚本中,插入了一个与被测窗口"Place an Order 对话框"相关联的数据驱动,并为其包含的被测对象赋予初始值。

(1) 启动测试脚本录制,给脚本命名为"OrderTotal"。在启动录制的过程中,采用缺省设置。

(2) 在脚本录制监视窗口中,点击工具栏的【Start Application】按钮,选择"ClassicsJavaA—java",启动 ClassicsCD 应用。

(3) 在"ClassicsCD"窗口中,选择"Schubert String Quartets Nos. 4 & 14"曲目,然后点击【Place Order】按钮。

(4) 在弹出的"Member Logon"对话框中采用缺省值,点击【OK】按钮。

(5) 激活脚本录制监视窗口,点击工具栏中的【Insert Data Driven Commands】按钮,脚本录制暂停,插入数据驱动操作窗口被打开。

(6) 激活 ClassicsCD 应用的 "Place an Order"窗口,输入"credit card number"和"expiration date"。因为脚本录制操作已暂停,本动作未被录制,但输入的数据会成为数据池中各变量的初始赋值。

(7) 拖动"Insert Data Driven Actions"窗口的"Object Finder"图标,选择整个"Place an Order"对话框,松开鼠标后,"Data Driven Actions"窗口打开,刚才捕获的各个测试对象及对应的变量名和初始值都在"Data Driven Commands"表中呈现,如图 3 - 21 所示。

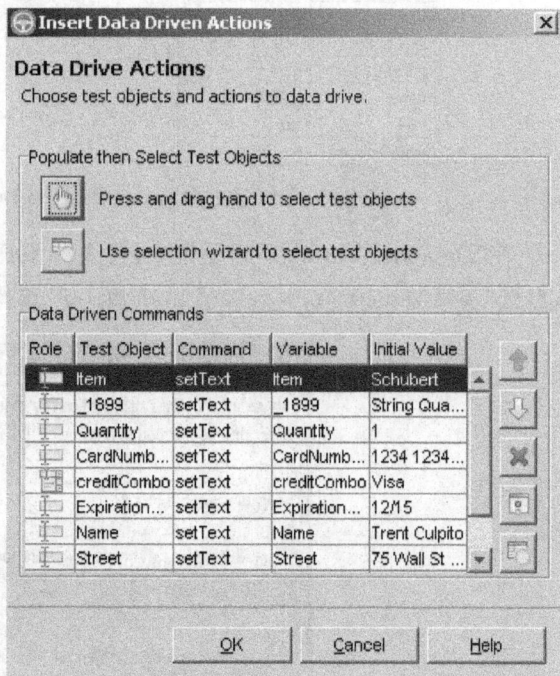

图 3 - 21 在"Data Driven Commands"中查看变量名和初始值

2．修改数据驱动命令表中的变量名

为了被测对象名称更直观更便于识别，本过程修改了被测对象的变量名。

（1）在"Data Driven Commands"表中找到第一行的 Variable 列，双击【ItemText】编辑该字段，修改为"Composer"。

（2）双击 Variable 列的第二行，把变量名改为"Item"。

（3）点击【OK】按钮，"Insert Data Driven Actions"窗口被关闭，继续脚本录制。

3．插入和数据池关联的验证点

本过程插入了一个和数据池关联的验证点，用于验证总金额是否符合预期。

（1）在脚本录制监视窗口，点击工具栏上的【Insert Verification Point or Action Command】按钮开始验证点插入操作。

（2）拖动"Select an Object"页内的"Object Finder"图标，捕获"Place an Order"窗口中的"＄19.99"对象。

（3）在"Select an Action"页中点击"Perform Data Verification Point"选项后进入下一步。

（4）输入验证点名为"VPTotal"，继续下一步。

（5）在"Verification Data Point"页的工具栏上点击【Convert Value to Datapool Reference】按钮，打开"Datapool Reference Converter"对话框，如图 3－22 所示。

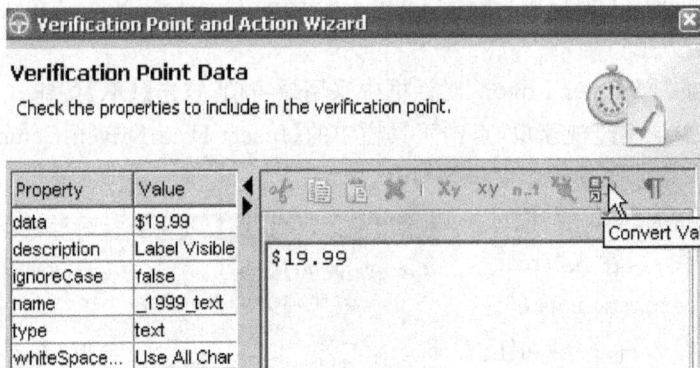

图 3－22　点击【Convert Value to Dutapool Reference】

（6）在"Datapool Variable"对话框中，输入"total"作为数据池里的新变量名。如果原来未选，点选"Add value to new record in datapool"选择框。点击【OK】按钮进入下一步。

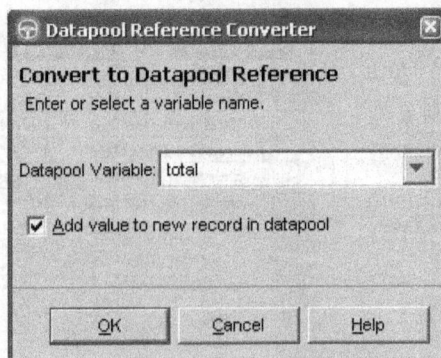

图 3－23　输入新变量名

（7）点击【Finish】按钮。

（8）在"ClassicsCD"窗口，点击【Place Order】按钮，然后点击【OK】关闭弹出的消息提示。

（9）关闭"ClassicsCD"窗口，停止测试脚本录制。

4．在数据池中增加数据

本过程在数据池中插入多条记录，用于验证订购1张、2张、3张CD时总金额计算是否预期。

（1）在"Script Explorer"视图中，双击"Default Private Test Datapool"打开数据池，如图3－24所示。

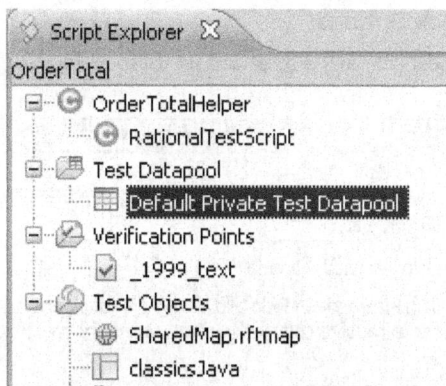

图3－24　打开数据池

（2）双击"Test Datapool"标签栏以展开数据池编辑窗口。

（3）在数据池编辑窗口的0行点击鼠标右键，执行快捷菜单中的"Insert Record"命令插入一条空记录。重复操作再插入一条空记录。

（4）把鼠标移到2行的第一单元格点击右键，执行快捷菜单中的"COPY"命令。再把鼠标移到1行的第一单元格，执行"PASTE"操作。弹出提示框时，确定覆盖已有数据。重复操作，把2行的数据拷贝到0行。

在1行，把"quantity"字段值改为"2"，把"total"字段值改为"$38.98"。

在2行，把"quantity"字段值改为"3"，把"total"字段值改为"$57.97"。

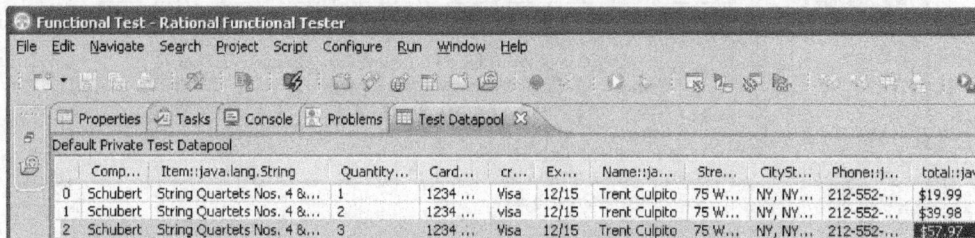

图3－25　对数据进行操作

（5）双击"Test Datapool"标签栏恢复视图至原始位置和大小。

（6）关闭数据池编辑窗口，保存修改。

5. 运行测试脚本并观察日志

运行测试脚本,以网页的形式显示日志,查看几个验证点是否测试通过。

(1) 运行 OrderTotal 脚本。

(2) 在"Select log"对话框中,输入 test log 文件名为"OrderTotal"。点击【Next】按钮进入下一步。

(3) 在"Datapool Iteration Count"下拉框中选择"3"。这样脚本会循环操作 3 次,每次采用数据池中的一条记录作为测试对象输入值和验证参考值。点击【Finish】按钮,如图 3 - 26 所示。

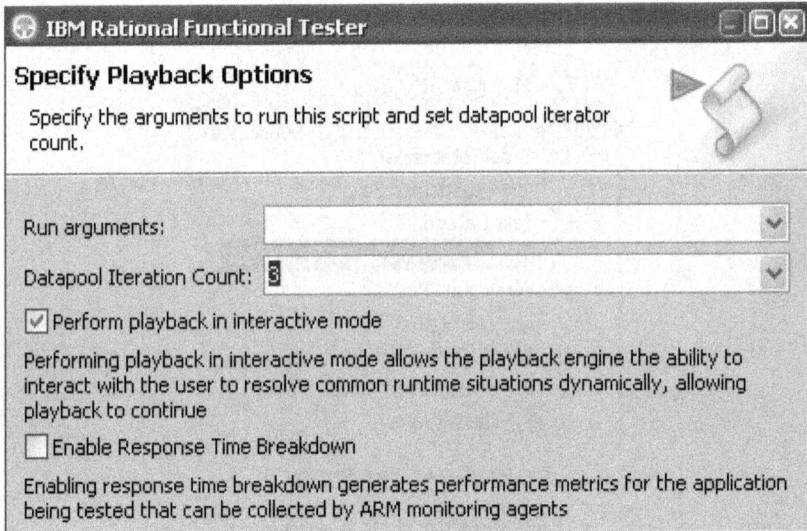

图 3 - 26　循环操作选择 3

(4) 脚本执行完成后弹出 HTML 形式的日志文件。观察日志,可以看到执行了三次验证点,全部通过,如图 3 - 27 所示。

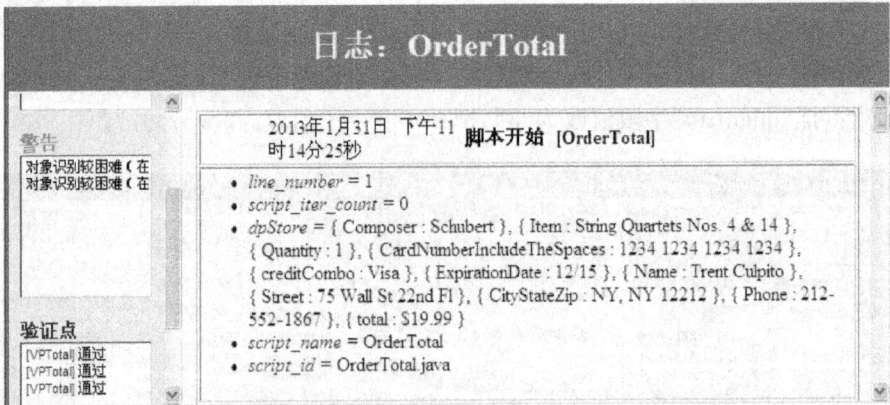

图 3 - 27　生成 HTML 的日志文件

(5) 设置日志输出形式为 TXT 格式,重新执行 OrderTotal 脚本,生成 TXT 格式的日志文件。

五、实验思考

六、实验体会和收获

第二部分

习题和综合测验

习 题 1

1. 什么是软件危机,有哪些特征?

2. 如何评价软件的质量?

3. 试比较 V 模型与 W 模型。

4. 什么是软件测试,软件测试的目标是什么?

5. 简述软件测试的流程。

6. 软件测试人员应该具备哪些基本素质?

习 题 2

1. 什么是测试计划? 如何制订测试计划?

_____

_____

_____

_____

2. 制订测试计划的原则是什么?

_____

_____

_____

_____

3. 测试计划书中应该包含哪些基本信息?

_____

_____

_____

_____

4. 应该如何处理软件开发过程中的风险?

_____

_____

_____

_____

习 题 3

1. 什么是白盒测试，有哪些特点？

_____

_____

_____

_____

2. 什么是黑盒测试，其特点是什么？

_____

_____

_____

_____

3. 白盒测试有哪些测试方法？

_____

_____

_____

_____

4. 黑盒测试有哪些测试方法？

_____

_____

_____

_____

_____

习 题 4

1. 软件测试的过程包括哪几个阶段？

_____

_____

_____

_____

_____

2. 什么是单元测试，其测试依据是什么？

_____

_____

_____

_____

3. 什么是集成测试，有哪两种基本集成方法？

_____

_____

_____

4. 什么是系统测试，主要参与人员有哪些？

_____

_____

_____

_____

_____

5. 什么是验收测试?

_____

_____

_____

_____

_____

_____

_____

6. 什么是回归测试?

_____

_____

_____

_____

_____

_____

_____

习　题　5

1. 什么是测试用例,有什么作用?

_____
_____
_____
_____
_____

2. 设计测试用例时需要考虑哪些因素?

_____
_____
_____
_____

3. 测试用例有哪几种分类?

_____
_____
_____
_____

4. 测试用例管理有哪几个阶段?

_____
_____
_____
_____

习 题 6

1. 软件缺陷的概念是什么?

_____

_____

_____

_____

_____

2. 在描述软件缺陷时要遵循哪些原则?

_____

_____

_____

_____

3. 软件缺陷有哪些类型? 可以从哪些属性来描述?

_____

_____

_____

_____

4. 报告软件缺陷时有哪些要求?

_____

_____

_____

_____

5. 对软件缺陷的跟踪和管理会有哪些好处?

_____

_____

_____

_____

_____

_____

_____

综合测验一

一、单项选择题

1. 一个成功的测试是(　　　)。
   A. 发现错误码
   B. 发现了至今尚未发现的错误
   C. 没有发现错误码
   D. 证明发现不了错误

2. 软件测试管理包括测试过程管理、配置管理以及(　　　)。
   A. 测试评审管理
   B. 测试用例管理
   C. 测试计划管理
   D. 测试实施管理

3. 在用白盒测试中的逻辑覆盖法设计测试用例时,在下列覆盖中,(　　　)是最强的覆盖准则。
   A. 语句覆盖
   B. 条件覆盖
   C. 判定—条件覆盖
   D. 路径覆盖

4. (　　　)方法根据输出对输入的依赖关系设计测试用例。
   A. 路径测试
   B. 等价类
   C. 因果图
   D. 归纳测试

5. 调试是(　　　)。
   A. 发现与预先定义的规格和标准不符合的问题
   B. 发现软件错误征兆的过程
   C. 有计划的、可重复的过程
   D. 消除软件错误的过程

6. 使用白盒测试方法时,确定测试数据的依据是指定的覆盖标准和(　　　)。
   A. 程序的注释
   B. 程序的内部逻辑
   C. 用户使用说明书
   D. 程序的需求说明

7. 软件测试是按照特定的规程(　　　)的过程。
   A. 发现软件错误
   B. 说明程序正确
   C. 证明程序没有错误
   D. 设计并运行测试用例

8. 单元测试一般以(　　　)为主。
   A. 白盒测试
   B. 黑盒测试
   C. 系统测试
   D. 分析测试

9. 编码阶段产生的错误是由(　　　)检查出来的。
   A. 单元测试
   B. 集成测试
   C. 系统测试
   D. 有效性测试

10. 在软件测试阶段,测试步骤按次序可以划分为(　　　)这几步。
    A. 单元测试、集成测试、系统测试、验收测试
    B. 验收测试、单元测试、系统测试、集成测试
    C. 单元测试、集成测试、验收测试、系统测试
    D. 系统测试、单元测试、集成测试、验收测试

11. 在自底向上测试中,要编写称为(　　　)的模块来测验正在测试的模块。

A. 测试存根　　　　B. 测试驱动模块　　　　C. 桩模块　　　　D. 底层模块

12. 数据流覆盖关注的是程序中某个变量从其声明、赋值到引用的变化情况,它是下列哪一种覆盖的变种?(　　　)

A. 语句覆盖　　　　B. 控制覆盖　　　　C. 分支覆盖　　　　D. 路径覆盖

13. 经验表明,在程序测试中,某模块与其他模块相比,若该模块已发现并改正的错误较多,则该模块中残存的错误数目与其他模块相比,通常应该(　　　)。

A. 较少　　　　B. 较多　　　　C. 相似　　　　D. 不确定

14. 软件测试是软件质量保证的重要手段,下述哪种测试是软件测试的最基础环节?(　　　)

A. 集成测试　　　　B. 单元测试　　　　C. 目的测试　　　　D. 确认测试

15. 增量式集成测试有 3 种方式:自顶向下增量测试方法,(　　　)和混合增量测试方式。

A. 自中向下增量测试方法　　　　　　B. 自底向上增量测试方法
C. 多次性测试　　　　　　　　　　　D. 维护

16. 下列(　　　)不是软件自动化测试的优点。

A. 速度快、效率高　　　　　　　　　B. 准确度和精确度高
C. 能提高测试的质量　　　　　　　　D. 能充分测试软件

17. 导致软件缺陷的最大原因是(　　　)。

A. 编制说明书　　　　B. 设计　　　　C. 编码　　　　D. 测试

18. 配置测试(　　　)。

A. 是指检查软件之间是否正确交互和共享信息

B. 是交互适应性、实用性和有效性的集中体现

C. 是指使用各种硬件来测试软件操作的过程

D. 检查缺陷是否有效改正

19. 在对 Web 网站进行的测试中,属于功能测试的是(　　　)。

A. 连接速度测试　　　　　　　　　　B. 链接测试
C. 平台测试　　　　　　　　　　　　D. 安全性测试

20. 软件测试过程中的集成测试主要是为了发现(　　　)阶段的错误码。

A. 需求分析　　　　B. 概要设计　　　　C. 编码　　　　D. 维护

21. 下列各项中(　　　)不是一个测试计划所应包含的内容。

A. 测试资源、进度安排　　　　　　　B. 测试预期输出
C. 测试范围　　　　　　　　　　　　D. 测试策略

22. 下列不属于正式审查的方式是(　　　)。

A. 同事审查　　　　B. 公开陈述　　　　C. 检验　　　　D. 编码标准和规范

23. 软件测试的目的是(　　　)。

A. 发现程序中的所有错误　　　　　　B. 尽可能多地发现程序中的错误
C. 证明程序是正确的　　　　　　　　D. 调试程序

24. 如果一个判定中的复合条件表达式为(A > 1)or(B <= 3),则为了达到 100% 的

条件覆盖率,至少需要设计多少个测试用例?(　　)

A. 1个　　　　　　B. 2个　　　　　　C. 3个　　　　　　D. 4个

25. 一个程序中所含有的路径数与(　　)有着直接的关系。

A. 程序的复杂程度　　　　　　　　B. 程序语句行数

C. 程序模块数　　　　　　　　　　D. 程序指令执行时间

26. 下列各项中(　　)不属于测试原则。

A. 软件测试是有风险的行为　　　　B. 完全测试程序是不可能的

C. 测试无法显示潜伏的软件缺陷　　D. 找到的缺陷越多软件的缺陷就越少

27. 下列软件属性中,软件产品首要满足的应该是(　　)。

A. 功能需求　　　B. 性能需求　　　C. 可扩展性和灵活性　　D. 容错纠错能力

28. 条件覆盖的目的是(　　)。

A. 使每个判定中的每个条件的可能取值至少满足一次

B. 使程序中的每个判定至少都获得一次"真"值和"假"值

C. 使每个判定中的所有条件的所有可能取值组合至少出现一次

D. 使程序中的每个可执行语句至少执行一次

29. 软件测试技术可以分为静态测试和动态测试,下列说法中错误的是(　　)。

A. 静态测试是指不运行程序,通过检查和阅读等手段来发现程序中的错误

B. 动态测试是指实际运行程序,通过运行的结果来发现程序中的错误

C. 动态测试包括黑盒测试和白盒测试

D. 白盒测试是静态测试,黑盒测试是动态测试

30. 按照测试组织划分,软件测试可分为:开发方测试、第三方测试和(　　)。

A. 集成测试　　　B. 确认测试　　　C. 用户测试　　　D. 灰盒测试

二、填空题

1. 黑盒测试用例设计方法包括_____、_____以及因果图法、错误推测法等。

2. 代码复审属于_____,不实际运行程序。

3. 动态测试的两个基本要素是_____、_____。

4. 软件是包括_____、_____、_____的完整集合。

5. 测试用例由_____和预期的_____两部分组成。

三、判断题

1. 黑盒测试的测试用例是根据程序内部逻辑设计的。　　　　　　　　(　　)

2. 在软件开发过程中,若能推迟暴露其中的错误,则为修复和改进错误所花费的代价就会降低。　　　　　　　　　　　　　　　　　　　　　　　(　　)

3. 单元测试通常由开发人员进行。　　　　　　　　　　　　　　　(　　)

4. 测试应从"大规模"开始,逐步转向"小规模"。　　　　　　　　(　　)

5. 软件测试员可以对产品说明书进行白盒测试。　　　　　　　　　(　　)

6. 静态白盒测试可以找出遗漏之处和问题。　　　　　　　　　　　(　　)

7. 软件测试是有效的排除软件缺陷的手段。　　　　　　　　　　　（　　　）

8. 程序员与测试工作无关。　　　　　　　　　　　　　　　　　　（　　　）

9. 没有可运行的程序，就无法进行测试工作。　　　　　　　　　　（　　　）

10. 软件开发全过程的测试工作都可以实现自动化。　　　　　　　　（　　　）

四、名词解释

1. 单元测试

2. 黑盒测试

3. 等价类

4. 桩模块

5. 软件缺陷

五、简答题

1. 白盒测试有几种方法？

_____

_____

_____

_____

2. 请描述静态测试和动态测试的区别。

_____

_____

_____

六、综合题

1. 为以下程序段设计一组测试用例，要求分别满足语句覆盖、判定覆盖、条件覆盖。

```
void DoWork (int x, int y, int z)
{
    int k=0, j=0;
    if ( (x>20)&&(z<10) )
            { k=x*y-1;
                j=sqrt(k);
            }
    if ( (x==22)||(y>20) )
    { j=x*y+10; }
    j=j%3;
}
```

_____

_____

_____

_____

2. 某地区电话号码由三部分组成，这三部分的名称和内容分别是：

地区码，只能是以 1 开头的三位数字；

前　缀，只能是非 0 开头的三位数字；

后　缀，只能是四位数字。

假定被测试的程序能接受一切符合上述规定的电话号码，拒绝所有不符合该规定的电话号码，试用等价类划分法来设计它的测试用例。

综合测验二

一、单项选择题

1. 软件测试人员的工作职责不包括(　　)。
A. 制定测试计划　　　　　　　　　　　B. 设计测试用例
C. 执行测试过程　　　　　　　　　　　D. 对软件缺陷进行修复

2. 某次程序调试没有出现预计的结果,下列(　　)不可能是导致出错的原因。
A. 变量没有初始化　　　　　　　　　　B. 编写的语句书写格式不规范
C. 循环控制出错　　　　　　　　　　　D. 代码输入有误

3. 一个成功的测试是(　　)。
A. 发现错误码　　　　　　　　　　　　B. 发现了至今尚未发现的错误
C. 没有发现错误码　　　　　　　　　　D. 证明发现不了错误

4. 下列软件属性中,软件产品首要满足的应该是(　　)。
A. 功能需求　　　　　　　　　　　　　B. 性能需求
C. 可扩展性和灵活性　　　　　　　　　D. 容错纠错能力

5. 一个程序中所含有的路径数与(　　)有着直接的关系。
A. 程序的复杂程度　　　　　　　　　　B. 程序语句行数
C. 程序模块数　　　　　　　　　　　　D. 程序指令执行时间

6. 软件测试的目的是(　　)。
A. 发现程序中的所有错误　　　　　　　B. 尽可能多地发现程序中的错误
C. 证明程序是正确的　　　　　　　　　D. 调试程序

7. 下列各项中(　　)不是一个测试计划所应包含的内容。
A. 测试资源、进度安排　　　　　　　　B. 测试预期输出
C. 测试范围　　　　　　　　　　　　　D. 测试策略

8. 对 Web 网站进行的测试中,属于功能测试的是(　　)。
A. 连接速度测试　　　　　　　　　　　B. 链接测试
C. 平台测试　　　　　　　　　　　　　D. 安全性测试

9. 导致软件缺陷的最大原因是(　　)
A. 编制说明书　　　B. 设计　　　　　C. 编码　　　　　　D. 测试

10. 增量式集成测试有 3 种方式:自顶向下增量测试方法,(　　)和混合增量测试方式。
A. 自中向下增量测试方法　　　　　　　B. 自底向上增量测试方法
C. 多次性测试　　　　　　　　　　　　D. 维护

11. 经验表明,在程序测试中,某模块与其他模块相比,若该模块已发现并改正的错误较多,则该模块中残存的错误数目与其他模块相比,通常应该(　　)。

A. 较少　　　　　　　　B. 较多　　　　　　　C. 相似　　　　　　　D. 不确定

12. 在自底向上的测试中,要编写一个称为(　　)的模块来测验正在测试的模块。

A. 测试存根　　　　　　B. 测试驱动模块　　　C. 桩模块　　　　　　D. 底层模块。

13. 编码阶段产生的错误是通过(　　)检查出来的。

A. 单元测试　　　　　　B. 集成测试　　　　　C. 系统测试　　　　　D. 有效性测试

14. 软件测试是按照特定的规程,(　　)的过程。

A. 发现软件错误　　　　　　　　　　　　B. 说明程序正确

C. 证明程序没有错误　　　　　　　　　　D. 设计并运行测试用例

15. 调试是(　　)。

A. 发现与预先定义的规格和标准不符合的问题

B. 发现软件错误征兆的过程

C. 有计划的、可重复的过程

D. 消除软件错误的过程

16. 在用白盒测试中的逻辑覆盖法设计测试用例时,下列覆盖中(　　)是最强的覆盖准则。

A. 语句覆盖　　　　　　B. 条件覆盖　　　　　C. 判定-条件覆盖　　D. 路径覆盖

17. 软件测试技术可以分为静态测试和动态测试,下列说法中错误的是(　　)。

A. 静态测试是指不运行程序,通过检查和阅读等手段来发现程序中的错误

B. 动态测试是指实际运行程序,通过运行的结果来发现程序中的错误

C. 动态测试包括黑盒测试和白盒测试

D. 白盒测试是静态测试,黑盒测试是动态测试

18. (　　)把黑盒子测试和白盒子测试的界限打乱了。

A. 灰盒子测试　　　　　B. 动态测试　　　　　C. 静态测试　　　　　D. 失败测试

19. (　　)不属于软件缺陷。

A. 测试人员主观认为不合理的地方

B. 软件未达到产品说明书标明的功能

C. 软件出现了产品说明书指明不会出现的错误

D. 软件功能超出产品说明书指明范围

20. 在软件底层进行的测试称为(　　)。

A. 系统测试　　　　　　B. 集成测试　　　　　C. 单元测试　　　　　D. 功能测试

21. 如果某测试用例集实现了某软件的路径覆盖,那么它一定同时实现了该软件的(　　)。

A. 判定覆盖　　　　　　B. 条件覆盖　　　　　C. 判定/条件覆盖　　D. 组合覆盖

22. 下列项目中不属于测试文档的是(　　)。

A. 测试计划　　　　　　B. 测试用例　　　　　C. 程序流程图　　　　D. 测试报告

23. 为了提高测试的效率,应该(　　)。

A. 随机地选取测试数据

B. 取一切可能的输入数据做为测试数据

C. 在完成编码以后制定软件的测试计划

D. 选择发现错误可能性大的数据作为测试数据

24. 在软件生命周期的哪一个阶段,软件缺陷修复费用最低（　　）。

A. 需求分析(编制产品说明书) 　　　　B. 设计

C. 编码 　　　　D. 产品发布

25. 有一组测试用例使得被测程序的每一个分支至少被执行一次,它满足的覆盖标准是(　　)。

A. 语句覆盖 　　　B. 判定覆盖 　　　C. 条件覆盖 　　　D. 路径覆盖

26. 软件设计阶段的测试主要采取的方式是(　　)。

A. 评审 　　　B. 白盒测试 　　　C. 黑盒测试 　　　D. 动态测试

27. 下面有关测试原则的说法正确的是(　　)。

A. 测试用例应由测试的输入数据和预期的输出结果组成

B. 测试用例只需选取合理的输入数据

C. 程序最好由编写该程序的程序员自己来测试

D. 使用测试用例进行测试是为了检查程序是否做了它该做的事

28. 在某大学学籍管理信息系统中,假设学生年龄的输入范围为16~40,则根据黑盒测试中的等价类划分技术,下面划分正确的是(　　)。

A. 可划分为 2 个有效等价类,2 个无效等价类

B. 可划分为 1 个有效等价类,2 个无效等价类

C. 可划分为 2 个有效等价类,1 个无效等价类

D. 可划分为 1 个有效等价类,1 个无效等价类

29. 在进行单元测试时,常用的方法是(　　)。

A. 采用白盒测试,辅之以黑盒测试 　　　　B. 采用黑盒测试,辅之以白盒测试

C. 只使用白盒测试 　　　　D. 只使用黑盒测试

30. 在程序测试中,用于检查程序模块或子程序之间的调用是否正确的静态分析方法是(　　)。

A. 操作性分析 　　　B. 可靠性分析 　　　C. 引用分析 　　　D. 接口分析

二、填空题

1. 软件测试中,_____描述测试的整体方案,_____描述依据测试用例找出的问题。

2. 软件质量度量划分为:_____、_____。

3. 动态测试的两个基本要素是_____、_____。

4. 通常,由人工进行的静态测试方法包括_____、_____、代码走查和技术评审。

5. 集成测试以_____说明书为指导,确认测试以_____说明书为指导。

三、判断题

1. 软件缺陷是导致软件失效的必要,而非充分要素。　　　　　　　　　　（　　）

2. 自底向上集成需要测试员编写驱动模块。　　　　　　　　　　　　　（　　）

3. 软件测试等于程序测试。　　　　　　　　　　　　　　　　　　　（　　）

4. Beta 测试是验收测试的一种。　　　　　　　　　　　　　　　　　（　　）

5. 同行评审的主要目标在于检测错误、核对与标准的偏离。 （ ）

6. 高水平的软件开发人员可以做到开发的软件不存在任何问题和缺陷。 （ ）

7. 软件质量保证的独特性是由软件产品不同于其他制造产品的本质决定的。 （ ）

8. 验收测试一定是由最终用户来实施的。 （ ）

9. 分析—设计—实现—测试,软件测试是开发后期才需要做的事情。 （ ）

10. 软件测试人员要坚持原则,发现的软件缺陷未修复完坚决不予通过。 （ ）

四、名词解释

1. SQA

2. 软件测试文档

3. 条件组合覆盖

4. 动态测试技术

5. 白盒测试

五、简答题

1. 谈谈你对软件测试重要性的理解。

_____

_____

_____

_____

_____

_____

2. 集成测试策略中,渐增式与非渐增式集成策略各有何优、缺点?

_____

_____

_____

_____

_____

_____

_____

_____

六、综合题

1. 为以下程序设计三组测试用例,要求分别满足语句覆盖、判定覆盖、条件覆盖。

```
int   FunctionA (int A, int B)
{
    if((A>4) AND (B<9)) then
        X=A−B;
    if((A=5) OR (B>28)) then
        X=A+B;
    return x;
}
```

_____

_____

2. 有一个自动售货机处理软件,其规格说明如下:若投入 5 角钱或 1 元钱的硬币,押下【橙汁】或【啤酒】的按钮,则相应的饮料就送出来。若售货机没有零钱找,则一个显示【零钱找完】的红灯亮,这时在投入 1 元硬币并押下按钮后,饮料不送出来而且 1 元硬币也退出来;若有零钱找,则显示【零钱找完】的红灯灭,在送出饮料的同时退还 5 角硬币。

(1) 分析软件规格说明,列出原因和结果。

(2) 画出因果图。

(3) 列出简化后的判定表。

学生实验报告册

课程名称：_____ 专业班级：_____

学生学号：_____ 学生姓名：_____

所属院部：_____ 指导教师：_____

20____—20____学年　　第_____学期

实验报告书写要求

实验报告原则上要求学生手写,要求书写工整。若因课程特点需打印的,要遵照字体、字号、间距等的具体要求,纸张一律采用 A4 纸张。

实验报告书写说明

实验报告中一至四项内容为必填项,包括实验目的和要求、实验仪器和设备、实验内容与过程、实验结果与分析。各院部可根据学科特点和实验具体要求增加项目。

填写注意事项

(1) 细致观察,及时、准确、如实记录。

(2) 准确说明,层次清晰。

(3) 尽量采用专业术语来说明事物。

(4) 外文、符号、公式要准确,应使用统一规定的名词和符号。

(5) 应独立完成实验报告的书写,严禁抄袭、复印,一经发现,以零分论处。

实验报告批改说明

实验报告的批改要及时、认真、仔细,一律用红色笔批改。实验报告的批改成绩采用百分制,具体评分标准由各院部自行制定。

实验报告装订要求

实验批改完毕后,任课老师将每门课程的每个实验项目的实验报告以自然班为单位,按学号升序排列,装订成册,并附上一份该门课程的实验大纲。

实验项目名称：__黑盒测试技术__　　实验学时：_____

同组学生姓名：_____　实验地点：_____

实　验　日　期：_____　实验成绩：_____

批　改　教　师：_____　批改时间：_____

一、实验目的

(1) 掌握黑盒测试的基本概念和原理,掌握测试的基本方法和技术。

(2) 学会运用边界值、等价类划分和决策表等方法对应用程序进行测试。

(3) 学会设计测试用例,并能对测试用例进行优化。

(4) 学会使用测试用例对应用程序进行实际测试,并记录测试结果。

(5) 通过实验,逐步提高运用黑盒测试技术解决实际测试问题的能力。

二、实验要求

(1) 分析被测应用程序,选定合适的黑盒测试方法。

(2) 根据选定的黑盒测试方法,写出测试分析过程,并设计测试用例。

(3) 运行被测程序,使用测试用例进行实际测试,并记录测试结果。

(4) 对测试结果进行总结。

(5) 完成实验并认真书写实验报告。

三、实验设备、环境及被测试软件

(1) 586 以上计算机一台。

(2) windows 操作系统。

(3) "日期推算"被测应用程序(学生自行开发)。

(4) "找钱计算"被测应用程序(学生自行开发)。

四、实验内容和步骤

(一) 题目 1:测试"日期推算"程序

1. 测试方法的选择

首先,请选择对"日期推算"程序进行测试需要采用的测试方法和技术。

备选选项		选择结果
A. 动态测试	B. 静态测试	(注:二选一)
A. 白盒测试	B. 黑盒测试	(注:二选一)
A. 等价类划分	B. 边界值分析	(注:可多选)
C. 因果图	D. 决策表	
E. 场景法	F. 错误推测法	
G. 功能图法	H. 正交实验设计法	

2. 等价类划分

假设已经限定输入数据均为整数,日期中年份的有效取值范围为 1 000~9 999。请完成无效等价类表和有效等价类表。

（1）无效等价类表：

输入变量	无效等价类
Year	① ②
Month	① ②
Day	① ②

（2）有效等价类表：

输入变量	有效等价类
Year	Y1： Y2：
Month	M1： M2： M3： M4：
Day	D1： D2： D3： D4： D5： D6：

3. 程序操作（动作）表

分析程序的功能，并结合以上等价类划分的情况，给出程序对 Year、Month、Day 变量可能采取的操作（即列出所有的动作桩）。

编 号	操作（动作）
A1	
A2	
A3	
A4	
A5	
A6	
A7	

4. 针对有效等价类的简化决策表

请完成针对有效等价类的简化决策表。

表 1 - 5　针对有效等价类的简化决策表

决策表规则编号		R1	R2	R3	R4	R5	R6	R7	R8	R9	R10	R11	R12	R13	R14	R15	R16	R17
条件	Year																	
	Month																	
	Day																	
动作	A1																	
	A2																	
	A3																	
	A4																	
	A5																	
	A6																	
	A7																	

5. 测试用例设计

请完成测试用例表,为决策表中的每一条规则(每一列)设计一个测试用例,并在"预期执行结果"中填写预期的测试执行输出。

测试用例表

测试用例编号	决策表规则编号	测试用例	预期执行结果	实际执行结果
T1	R1			
T2	R2			
T3	R3			
T4	R4			
T5	R5			
T6	R6			
T7	R7			
T8	R8			
T9	R9			
T10	R10			
T11	R11			
T12	R12			
T13	R13			
T14	R14			
T15	R15			
T16	R16			
T17	R17			

6. 执行测试用例

请根据"日期推算"程序功能要求,自行开发该程序。

实际执行"日期推算"程序,逐次输入测试用例,并将执行结果记录在测试用例表中。

7. 测试执行结果统计

对比测试用例表中各测试用例的"预期结果"和"实测结果",填写测试用例执行结果统计表。

测试用例执行结果统计表

项　　目	统计数据
测试用例总数	
测试用例覆盖率	
执行测试用例数	
测试用例执行率	
已通过的测试用例数	
未通过的测试用例数	
软件缺陷密度	

（二）题目 2：测试"找钱计算"程序

1. 测试方法的选择

请思考并选择最合适的黑盒测试方法，并填写在实验报告中。

备选选项	选择结果
A. 等价类划分　　B. 边界值分析 C. 因果图　　　　D. 决策表 E. 场景法　　　　F. 错误推测法 G. 功能图法　　　H. 正交实验设计法	（注：单选）

2. 边界值分析

（1）输入数据的边界值。

边界值编号	数据项	边界值
P1—P6	P	
M1—M6	M	
MP1—MP6	M—P	

（2）输出数据的边界值。

边界值编号	数据项	边界值

3. 测试用例设计

针对各个边界值，设计测试用例覆盖各个边界值，并制作测试用例表。测试用例表格式如下。

测试用例表

测试用 例编号	测试用例	覆盖的边界值编号	预期执行结果	实际执行结果
T1	P=　　　M=		N50=　　　N10= N5=　　　N1=	N50=　　　N10= N5=　　　N1=

4．执行测试用例

（1）请根据"找钱计算"程序功能要求，自行开发该程序。

你开发该程序用到的应用程序开发环境是：＿＿＿＿＿＿＿＿＿＿＿＿＿＿＿＿。

程序得出需要找钱的总金额 M−P 之后，请将计算各种面值货币张数的程序代码写在下面：

＿＿＿＿＿＿＿＿＿＿＿＿＿＿＿＿＿＿＿＿＿＿＿＿＿＿＿＿＿＿＿＿＿＿＿＿＿＿＿

＿＿＿＿＿＿＿＿＿＿＿＿＿＿＿＿＿＿＿＿＿＿＿＿＿＿＿＿＿＿＿＿＿＿＿＿＿＿＿

＿＿＿＿＿＿＿＿＿＿＿＿＿＿＿＿＿＿＿＿＿＿＿＿＿＿＿＿＿＿＿＿＿＿＿＿＿＿＿

＿＿＿＿＿＿＿＿＿＿＿＿＿＿＿＿＿＿＿＿＿＿＿＿＿＿＿＿＿＿＿＿＿＿＿＿＿＿＿

＿＿＿＿＿＿＿＿＿＿＿＿＿＿＿＿＿＿＿＿＿＿＿＿＿＿＿＿＿＿＿＿＿＿＿＿＿＿＿

＿＿＿＿＿＿＿＿＿＿＿＿＿＿＿＿＿＿＿＿＿＿＿＿＿＿＿＿＿＿＿＿＿＿＿＿＿＿＿

＿＿＿＿＿＿＿＿＿＿＿＿＿＿＿＿＿＿＿＿＿＿＿＿＿＿＿＿＿＿＿＿＿＿＿＿＿＿＿

＿＿＿＿＿＿＿＿＿＿＿＿＿＿＿＿＿＿＿＿＿＿＿＿＿＿＿＿＿＿＿＿＿＿＿＿＿＿＿

＿＿＿＿＿＿＿＿＿＿＿＿＿＿＿＿＿＿＿＿＿＿＿＿＿＿＿＿＿＿＿＿＿＿＿＿＿＿＿

＿＿＿＿＿＿＿＿＿＿＿＿＿＿＿＿＿＿＿＿＿＿＿＿＿＿＿＿＿＿＿＿＿＿＿＿＿＿＿

＿＿＿＿＿＿＿＿＿＿＿＿＿＿＿＿＿＿＿＿＿＿＿＿＿＿＿＿＿＿＿＿＿＿＿＿＿＿＿

（2）实际执行"找钱计算"程序，输入各个测试用例，并将执行结果记录在测试用例表中。

5. 测试执行结果统计

对比测试用例表中各测试用例的"预期执行结果"和"实际执行结果",填写实验报告册中的测试用例执行结果统计表。

测试用例执行结果统计表

项　　目	统计数据
边界值总数	
测试用例覆盖到的边界值总数	
测试用例覆盖率	
测试用例总数	
执行测试用例数	
测试用例执行率	
已通过的测试用例数	
未通过的测试用例数	
出错的边界值数	
软件(边界值)缺陷密度(出错的边界值数/边界值总数)	

五、实验思考

(1) 请结合题目 1 测试"日期推算"程序中的测试用例设计,用具体的例子来解释一下测试用例设计中的一些基本原则。

测试用例设计中的原则	请结合题目 1 用具体的例子来解释该原则
用成熟测试用例设计方法来指导设计	
测试用例的代表性	
测试结果的可判定性	

(2) 在对应用程序执行测试用例的过程中你遇到了什么影响你工作效率的问题,你希望有怎样的辅助工具软件?

六、实验体会和收获

　　请在实验报告中写出实验过程中的体会，以及通过本实验所获得的收获。

学生实验报告册

课程名称:＿＿＿＿＿＿＿＿＿ 专业班级:＿＿＿＿＿＿＿＿＿

学生学号:＿＿＿＿＿＿＿＿＿ 学生姓名:＿＿＿＿＿＿＿＿＿

所属院部:＿＿＿＿＿＿＿＿＿ 指导教师:＿＿＿＿＿＿＿＿＿

20＿＿＿— 20＿＿＿学年　　　第＿＿＿＿＿＿学期

实验报告书写要求

实验报告原则上要求学生手写，要求书写工整。若因课程特点需打印的，要遵照字体、字号、间距等的具体要求，纸张一律采用 A4 纸张。

实验报告书写说明

实验报告中一至四项内容为必填项，包括实验目的和要求、实验仪器和设备、实验内容与过程、实验结果与分析。各院部可根据学科特点和实验具体要求增加项目。

填写注意事项

（1）细致观察，及时、准确、如实记录。

（2）准确说明，层次清晰。

（3）尽量采用专业术语来说明事物。

（4）外文、符号、公式要准确，应使用统一规定的名词和符号。

（5）应独立完成实验报告的书写，严禁抄袭、复印，一经发现，以零分论处。

实验报告批改说明

实验报告的批改要及时、认真、仔细，一律用红色笔批改。实验报告的批改成绩采用百分制，具体评分标准由各院部自行制定。

实验报告装订要求

实验批改完毕后，任课老师将每门课程的每个实验项目的实验报告以自然班为单位，按学号升序排列，装订成册，并附上一份该门课程的实验大纲。

实验项目名称：<u>白盒测试技术</u>　实验学时：<u>　　　　</u>

同组学生姓名：<u>　　　　　　</u>　实验地点：<u>　　　　</u>

实验　日　期：<u>　　　　　　</u>　实验成绩：<u>　　　　</u>

批　改　教　师：<u>　　　　　　</u>　批改时间：<u>　　　　</u>

一、实验目的

（1）掌握静态白盒测试的技术和原理。

（2）了解静态白盒测试工具 Logiscope 的使用方法。

（3）掌握逻辑覆盖测试的方法和原理。

（4）掌握基本路径测试的方法和原理。

二、实验要求

（1）按照实验题目要求，完成相关程序的白盒测试，写出详细的测试步骤和结果。

（2）实验完成后，按照要求编写实验报告。

三、实验设备、环境及软件

586 以上的计算机，Window XP 或以上版本的操作系统，Logiscope 软件。

四、实验内容和步骤

题目 1：Java 程序 sorting6. java 静态白盒测试结果

1. 编码规则检查结果

2. 重复代码检查结果

3. 代码质量检测结果

题目 2：C 程序 sorting6.c 静态白盒测试结果

1. 编码规则检查结果

2. 重复代码检查结果

3. 代码质量检测结果

题目 3：函数 getGCD()的逻辑覆盖及基本路径测试

1. 逻辑覆盖测试用例及测试结果

(1) 语句覆盖：

(2) 分支覆盖：

（3）条件覆盖：

（4）分支/条件覆盖：

（5）条件组合覆盖：

（6）路径覆盖：

2. 基本路径覆盖

（1）画出程序流程图：

（2）计算环路复杂度：

（3）导出基本路径：

（4）用例设计及测试结果：

题目 4：根据要求完成代码开发及程序测试

1. 程序代码

2. 逻辑覆盖测试用例及测试结果

3. 基本路径测试用例及测试结果

五、实验思考

(1) 软件质量评估有哪些?

(2) 在逻辑覆盖测试中,如何设计用更少的用例完成尽可能多的覆盖?

六、实验体会和收获

请在实验报告中写出实验过程中的体会,以及通过本实验所获得的收获。

学生实验报告册

课程名称：＿＿＿＿＿＿＿＿ 专业班级：＿＿＿＿＿＿＿＿

学生学号：＿＿＿＿＿＿＿＿ 学生姓名：＿＿＿＿＿＿＿＿

所属院部：＿＿＿＿＿＿＿ 指导教师：＿＿＿＿＿＿＿

20＿＿＿ 一 20＿＿＿ 学年 第＿＿＿＿＿＿学期

实验报告书写要求

实验报告原则上要求学生手写，要求书写工整。若因课程特点需打印的，要遵照字体、字号、间距等的具体要求，纸张一律采用 A4 纸张。

实验报告书写说明

实验报告中一至四项内容为必填项，包括实验目的和要求、实验仪器和设备、实验内容与过程、实验结果与分析。各院部可根据学科特点和实验具体要求增加项目。

填写注意事项

（1）细致观察，及时、准确、如实记录。

（2）准确说明，层次清晰。

（3）尽量采用专业术语来说明事物。

（4）外文、符号、公式要准确，应使用统一规定的名词和符号。

（5）应独立完成实验报告的书写，严禁抄袭、复印，一经发现，以零分论处。

实验报告批改说明

实验报告的批改要及时、认真、仔细，一律用红色笔批改。实验报告的批改成绩采用百分制，具体评分标准由各院部自行制定。

实验报告装订要求

实验批改完毕后，任课老师将每门课程的每个实验项目的实验报告以自然班为单位，按学号升序排列，装订成册，并附上一份该门课程的实验大纲。

实验项目名称:**自动化功能测试—RFT** 实验学时:＿＿＿＿＿＿

同组学生姓名:＿＿＿＿＿＿＿＿＿ 实验地点:＿＿＿＿＿

实 验 日 期:＿＿＿＿＿＿＿＿＿ 实验成绩:＿＿＿＿＿

批 改 教 师:＿＿＿＿＿＿＿＿＿ 批改时间:＿＿＿＿＿

一、实验目的

通过使用 IBM Rational Functional Tester 进行软件功能测试,感受基于 GUI 的自动化测试原理和方法。熟悉 RFT 这一工具软件的操作,包括测试脚本录制、回放、验证点插入、日志分析、数据驱动应用等。

二、实验要求

(1) 根据实验内容部分的指导逐步进行 RFT 操作。

(2) 记录每一步的操作内容,了解操作相关的按钮、菜单、配置项,思考该操作的目的。

(3) 每一个实验任务结束时,查看日志记录,判断测试结果是否符合预期。

(4) 把日志文件以文本形式保存下来,日志内容将作为实验结果在实验报告中体现。

(5) 完成实验并如实书写实验报告。

三、实验设备、环境及软件

(1) 586 以上计算机一台。

(2) 安装 Windows XP 操作系统的 VMware 虚拟主机。

(3) IBM Rational Functional Tester 测试软件。

(4) RFT 自带的 Java 应用程序"ClassicsCD 订购系统"。

四、实验步骤和结果

(一) 任务一:录制脚本,插入校验点,脚本回放和日志查看

1. 操作步骤

要求:描述主要的操作步骤,各步的目的。

2. 测试脚本

要求：把 OrderBachViolin. java 脚本代码拷贝至此。

3. 运行日志

要求：把测试脚本执行后的日志文本拷贝至此。

（二）任务二：采用数据驱动方式进行自动化测试

1. 操作步骤

要求：描述主要的操作步骤，各步的目的。

2. 测试脚本

要求：把 OrderTotal. java 脚本代码拷贝至此。

3. 运行日志

要求:把测试脚本执行后的日志文本拷贝至此。

五、实验思考

（1）把 OrderBachViolin.java 脚本 public void testMain(Object[] args)函数的首行代码修改为：startApp("ClassicsJavaB")。执行新脚本，观察测试结果与原有脚本有何区别，思考为什么会有这些区别。

（2）请观察 RFT 测试项目目录下 PROJECT、JAVA、CLASS、RFTMP、RFTDP 等多种文件类型各自的功能，尝试独立新建一个测试项目，并通过录制脚本等方式生成各类文件。

（3）请尝试在＊.csv 文件中批量录入数据导入资源池，录制脚本并创建验证点，以导入数据作为测试对象的输入数据和验证值，完成一个小型自动化测试。

六、实验体会和收获

请在实验报告中写出实验过程中的体会，以及通过本实验所获得的收获。

_____

_____

_____

_____

_____

_____

_____

_____

图书在版编目(CIP)数据

软件测试技术实验指导与习题 / 王智钢,曾岳主编.
—南京:南京大学出版社,2013.12(2018.7 重印)

应用型本科院校"十二五"规划教材

ISBN 978 - 7 - 305 - 12471 - 6

Ⅰ. ①软… Ⅱ. ①王… ②曾… Ⅲ. ①软件—测试—
高等学校—教材 Ⅳ. ①TP311.5

中国版本图书馆 CIP 数据核字(2013)第 275019 号

出版发行 南京大学出版社
社　　址　南京市汉口路 22 号　　　　邮编　210093
出 版 人　金鑫荣

丛 书 名　**应用型本科院校"十二五"规划教材**
书　　名　**软件测试技术实验指导与习题**
主　　编　王智钢　曾　岳
责任编辑　王秉华　单　宁　　　　编辑热线　025 - 83596923

照　　排　南京理工大学资产经营有限公司
印　　刷　虎彩印艺股份有限公司
开　　本　787×1092　1/16　印张 6.25　字数 152 千
版　　次　2013 年 12 月第 1 版　2018 年 7 月第 3 次印刷
ISBN　978 - 7 - 305 - 12471 - 6
定　　价　26.00 元

网　　址:http://www.njupco.com
官方微博:http://weibo.com/njupco
官方微信号:njupress
销售咨询热线:(025)83594756